计算机与信息科学系列规划教材

软件技术基础

编 著　姚　锋　郑　龙　陈盈果
吕济民　王　浩

U0313091

湖南大学出版社

内 容 简 介

本书对软件的概念和技术等基础内容进行了详细的讲解。全书分理论、上机、附录三部分,理论部分主要介绍了信息编码与数据表示、计算机软件编程及 DOS 命令、计算机网络基础等相关知识,且每章都配有丰富的实例、要点和作业,帮助读者理解和掌握书中的内容,非常适合教师教学和学生自学。本书适合作为计算机相关专业"软件技术基础"课程的培训教材,也可以作为程序设计员或对软件技术感兴趣的读者的入门参考书,还适合编程爱好者和自学编程的读者使用。

图书在版编目(CIP)数据

软件技术基础/姚锋,郑龙,陈盈果,吕济民,王浩编著.

—长沙:湖南大学出版社,2018.9

(计算机与信息科学系列规划教材)

ISBN 978-7-5667-1631-6

Ⅰ.①软⋯　Ⅱ.①姚⋯　②郑⋯　③陈⋯　④吕⋯　⑤王⋯

Ⅲ.①软件—技术—教材　Ⅳ.①TP31

中国版本图书馆 CIP 数据核字(2018)第 199780 号

软件技术基础

RUANJIAN JISHU JICHU

编　　著:姚　锋　郑　龙　陈盈果　吕济民　王　浩
责任编辑:黄　旺
印　　装:北京虎彩文化传播有限公司印制
开　　本:787×1092　16 开　印张:7.75　字数:184 千
版　　次:2018 年 9 月第 1 版　印次:2018 年 9 月第 1 次印刷
书　　号:ISBN 978-7-5667-1631-6
定　　价:30.00 元

出 版 人:雷　鸣
出版发行:湖南大学出版社
社　　址:湖南·长沙·岳麓山　　邮　　编:410082
电　　话:0731-88822559(发行部),88821343(编辑室),88821006(出版部)
传　　真:0731-88649312(发行部),88822264(总编室)
网　　址:http://www.hnupress.com
电子邮箱:274398748@qq.com

计算机与信息科学系列规划教材
编委会

前　言

时光荏苒，如白驹过隙，一转眼中国互联网已走过了 30 年的历程。回首过去，人工智能、云计算、移动支付，这些互联网产物不仅迅速占据了我们的生活，刷新了我们对科技发展的认知，而且也提高了我们的生活质量水平。人们谈论的话题也离不开这些，例如：人工智能是否会替代人类，成为工作的主要劳动力；数字货币是否会代替纸币流通于市场；虚拟现实体验到底会有多真实多刺激。从这种现象中不难发现，互联网的辐射面在不断变广，计算机科学与信息技术发展的普适性在不断变强，信息技术如化雨春风，润物无声地全面融入，颠覆了我们的生活。

1987 年，我国网络专家钱天白通过拨号方式在国际互联网上发出了中国有史以来第一封电子邮件，"越过长城，走向世界"，从此，我国互联网时代开启。30 年间，人类社会仍然遵循着万物自然生长规律，但互联网的枝芽却依托人类的智慧于内部结构中野蛮扩延，并且每一次主流设备、主流技术的迭代速度明显加快。如今，人们的生活是"拇指在手机屏幕方寸间游走的距离，已经超过双脚走过的路程"。

据估计，截至 2017 年 6 月，中国网民规模已达到 7.5 亿人，占全球网民总数的五分之一，而且这个数字还在不断地增加。

然而，面对快速发展的互联网，每一个互联网人亦感到焦虑，感觉它运转的速度已经快到我们追赶的极限。信息时刻在更新，科技不断被颠覆，想象力也一直被挑战，面对这些，人们感到不安的同时又对未来的互联网充满期待。

互联网的魅力正在于此，恰如山之两面，一面阴暗晦涩，一面生机勃勃，一旦跨过山之巅峰，即是不一样的风景。就是这样的挑战会让人着迷，并甘愿为之付出努力。而这个行业还有很多伟大的事情值得去琢磨，去付出自己的匠心。

本系列丛书作为计算机科学与信息科学中的入门与提高教材，在力争保障学科知识广度的同时，也统筹主流技术的深度，既介绍了计算机学科相关主题的历史，也涵盖国内外最新、最热门课题，充分呈现了计算机科学技术的时效性、前沿性。丛书涉及计算机与信息科学多门课程：JAVA 程序设计与开发、C♯ 与 WinForm 程序设计、SQL Server 数据库、Oracle 大型数据库、Spring 框架应用开发、Android 手机 APP 开发、JDBC/Jsp/Servlet 系统开发，等等；HTML/CSS 前端数据展示、JQuery 前端框架、JAVAScript 页面交互效果实现，等等；大数据基础与应用、大数据技术概论、R 语言预测、PRESTO 技术内幕，等等；Photoshop 制作与视觉效果设计、网页 UI 美工设计、移动端 UI 视觉效果设计与运用、

CorelDraw 设计与创新,等等。

本系列丛书适合初学者,书中内容所涉及的知识点和相关信息是初学者应了解、掌握的。开发人员可从本系列丛书中找到许多不同领域的兴趣点和各种知识点的用法。丛书实例内容选取市场流行的应用项目或产品项目,章后部分练习题模拟了大型软件开发企业实例项目。

本系列丛书在编写过程中,获得了国家自然科学基金课题(71501179、71701204、71371067)、湖南省科学"十三五"规划课题(XJK016BGD009)、湖南省教学改革研究课题(2015001)、湖南省自然科学基金(2017JJ1012)的资助,并得到了湖南大学、国防科技大学、电子科技大学、佛山科学技术学院、长沙学院和深圳华大乐业教育科技有限公司各位老师的大力支持,同时参考了一些相关著作和文献,在此向这些老师和相关作者深表感谢。

未来互联网信息技术已扑面而来,汹涌胜于往昔,你做好准备了吗?

作　者
2017 年 9 月

目　次

理 论 部 分

上 机 部 分

附 录 部 分

理 论 部 分

第 1 章　信息编码与数据表示

学习目标

(1) 掌握进制之间的转换。

(2) 掌握存储器容量单位的转换。

(3) 了解原码、反码和补码。

(4) 掌握常用的 ASCII 码。

本章单词

请提前预习下列单词。

(1) bit[bit]：位。

(2) byte[bait]：字节。

(3) word[wɜːd]：字。

(4) ASCII['æski]（American Standard Code for Information Interchange)：美国信息交换标准码。

计算机最基本的功能是进行数据的计算和处理，这里的数据包括数值、文字、图形、图像、声音、视频等数据形式。由于计算机内部只能表示、识别、存储、处理和传送二进制数，所以各种数据信息都必须经过二进制数字化编码后，才能在计算机中进行处理。将各种不同类型的数据信息转换为二进制代码的过程称为信息编码。不同类型的信息具有不同的编码方式。

本章将介绍计算机中常用的数制及其相互转换，数值数据在计算机中的表示及运算，以及计算机中常用信息的编码原理与方法。掌握这些内容是学习计算机的基础。

1.1　计算机中的数制

计算机中采用二进制数。为了书写和阅读方便，引入了八进制数和十六进制数。而在日常生活及数学中人们习惯使用十进制数。在人和计算机交换信息时，首先要按便于计算机实现的方法来进行，但也要考虑人的自然习惯。在使用计算机时，输入的数据或输出的结果一般都是采用十进制数，这就需要在各种数制之间进行相互转换。虽然这种转换过程是由计算机系统自动完成的，但还是有必要了解各种数制的特点及其转换过程。

1.1.1　计算机中为什么采用二进制计数法

计算机中一般采用二进制计数法，我们来思考一下原因。计算机在表示数的时候，会使用以下两种状态。

◆开关切断状态。

◆开关连通状态。

虽说是开关,但实际上并不需要机械部件,您可以想象成是由电路形成的"电子开关"。总之,它能够形成两种状态。这两种状态,分别对应 0 和 1 这两个数字。

◆开关切断状态——0。

◆开关连通状态——1。

1 个开关可以用 0 或 1 来表示,如果有许多开关,就可以表示为许多个 0 和 1。您可以想象这里排列着许多开关,各个开关分别表示二进制中的各个数位。这样一来,只要增加开关的个数,不管是多大的数字都能表示出来。

当然,做成能够表示 0~9 这 10 种状态的开关,进而让计算机采用十进制计数法,这在理论上也是可能的。但是,与 0 和 1 开关相比,必定有更为复杂的结构。

另外,请比较一下图 1.1 和图 1.2 所示的加法表。二进制的表比十进制的表简单得多。若要做成 1 位加法的电路,采用二进制要比十进制更为简单。

不过,比起十进制,二进制的位数会增加许多,这是它的缺点。

例如,在十进制中 2503 只有 4 位,而在二进制中要表达同样的数则需要 100111000111 共 12 位数字。

人们觉得十进制比二进制更容易处理,是因为十进制计算法的位数少,计算起来不容易发生错误。此外,比起二进制,采用十进制能够简单地通过直觉判断出数值的大小。人的两手加起来共有 10 个指头,这也是十进制更容易理解的原因之一。

+	0	1	2	3	4	5	6	7	8	9
0	0	1	2	3	4	5	6	7	8	9
1	1	2	3	4	5	6	7	8	9	10
2	2	3	4	5	6	7	8	9	10	11
3	3	4	5	6	7	8	9	10	11	12
4	4	5	6	7	8	9	10	11	12	13
5	5	6	7	8	9	10	11	12	13	14
6	6	7	8	9	10	11	12	13	14	15
7	7	8	9	10	11	12	13	14	15	16
8	8	9	10	11	12	13	14	15	16	17
9	9	10	11	12	13	14	15	16	17	18

图 1.1　十进制的加法表

+	0	1
0	0	1
1	1	10

图 1.2　二进制的加法表

不过,因为计算机的计算速度非常地快,位数再多也没有关系。而且计算机不会像人类那样发生计算错误,不需要靠直觉把握数字的大小。对于计算机来说,处理的数字种类少、计算规则简单就最好不过了。

让我们来总结一下。

◆在十进制计数法中,位数少,但是数字的种类多。对人类来说,这种比较易用。

◆在二进制计数法中,数字的种类少,但是位数多。对计算机来说,这种比较易用。

鉴于上述原因,计算机采用了二进制计数法。

人类使用十进制计数法,而计算机使用二进制计数法,因此计算机在执行人类发出的任务时,会进行十进制和二进制间的转换。计算机先将十进制转为二进制,用二进制进行计算,再将所得的二进制计算结果转换为十进制。

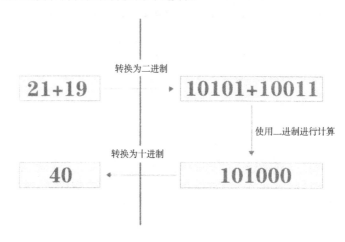

图1.3　人类使用计算机进行计算的情形

1.2　常用数制及其特点

按进位的原则进行计算称为进位计数制,简称"数制"。在计算机科学技术中常用的数制有十进制、二进制、八进制和十六进制。下面介绍数制的基本概念以及常用数制的特点。

1.2.1　数码

在每一种数制中,都使用一组固定的数字符号来表示数字的大小,该数字符号称为"数码"。不同进制数所使用的数码以及数码的个数是不同的。

如:

◆十进制:0、1、2、3、4、5、6、7、8、9。

◆二进制:0、1。

◆八进制:0、1、2、3、4、5、6、7。

◆十六进制:0、1、2、3、4、5、6、7、8、9、A、B、C、D、E、F。

1.2.2　基数

不同进制数制所使用的数码的个数,称为该数制的基数。一般来说,基数是几就是几进制。进位规则就是"逢几进一"。如十进制就是"逢十进一",二进制就是"逢二进一"。

表 1.1 所示为计算机中常用数制的基本要素和表示方法。

表 1.1　常用数制的基本要素和表示方法

进位制	基数	进位规则	位权	数　码	表示
十进制	10	逢十进一	10^i	0,1,2,3,4,5,6,7,8,9	D
二进制	2	逢二进一	2^i	0,1	B
八进制	8	逢八进一	8^i	0,1,2,3,4,5,6,7	O
十六进制	16	逢十六进一	16^i	0,1,2,3,4,5,6,7,8,9,A,B,C,D,E,F	H

位权

在一个数中,每个数码表示的值不仅取决于数码本身,还与它所处的位置有关。例如,十进制数 12345.5,可以表示成如下形式:

$$12345.5 = 1 \times 10^4 + 2 \times 10^3 + 3 \times 10^2 + 4 \times 10^1 + 5 \times 10^0 + 5 \times 10^{-1}$$

式中的 10^4、10^3、10^2、10^1、10^0、10^{-1} 称为各位数字的权,可以看出,各位数字只有乘上它们的权值,才是它的实际值。如上例中最左边的数字 1,乘上 10^4 才是它的实际值 10000(而不是 1),上式称为十进制数 12345.5 的按权展开式。下面将介绍数值按位权展开的一般公式。十进制数的权值都是 10 的若干次幂,二进制数的权值都是 2 的若干次幂。为了便于后面的数制转换,表 1.2 所示为二进制的权值。

表 1.2　二进制的位权与其二进制值、十进制值对照关系

位　权	二进制值	十进制值
2^0	1	1
2^1	10	2
2^2	100	4
2^3	1000	8
2^4	10000	16
2^5	100000	32
2^6	1000000	64
2^7	10000000	128
2^8	100000000	256
2^9	1000000000	512
2^{10}	10000000000	1024

数的按权展开式

根据以上概念,可以将一个数按照"参数"和"权"展开为如下形式:

$$D = \sum_{i=1}^{n} N_i K^{i-1} + \sum_{j=-1}^{-m} N_j K^{j}$$

其中:N_i 和 N_j 表示第 i 位和第 j 位上的数码;K^{i-1} 和 K^j 表示该数码的权,K 是基数。上式中的前一项表示数的整数部分,后一项表示数的小数部分,它们分别有 n 位和 m 位。

任何一种进制中的任何一个数都可写成按权展开的形式。

◆十进制数可以表示为:

$123456.123 = 1 \times 10^5 + 2 \times 10^4 + 3 \times 10^3 + 4 \times 10^2 + 5 \times 10^1 + 6 \times 10^0 + 1 \times 10^{-1} + 2 \times 10^{-2} + 3 \times 10^{-3}$

◆二进制数可以表示为:

$(10110.1)_2 = 1 \times 2^4 + 0 \times 2^3 + 1 \times 2^2 + 1 \times 2^1 + 0 \times 2^0 + 1 \times 2^{-1}$

◆八进制数可以表示为:

$(456.45)_8 = 4 \times 8^2 + 5 \times 8^1 + 6 \times 8^0 + 4 \times 8^{-1} + 5 \times 8^{-2}$

◆十六进制数可以表示为:

$(2AF)_{16} = 2 \times 16^2 + A \times 16^1 + F \times 16^0$

为了对不同进制的数进行区分,书写时,在数字后面加上 B(Binary)表示二进制数,加 O(Octal)表示八进制数,加 H(Hexadecimal)表示十六进制数,十进制数则可用后缀 D(Decimal)表示或者不加。也可在数字后面加下标来表示相应的进制数。例如,1101B 或 $(1101)_2$ 表示 1101 是二进制数;3C2AH 或 $(3C2A)_{16}$ 表示 3C2A 是十六进制数。

1.3　不同数制之间的转换

1.3.1　将非十进制数转换成十进制数

将非十进制数转换成十进制数的方法是把非十进制数按位权展开并求和。

【例 1-1】将二进制数 10110111 转换成十进制数。

解:$(10110111)_2 = 1 \times 2^7 + 0 \times 2^6 + 1 \times 2^5 + 1 \times 2^4 + 0 \times 2^3 + 1 \times 2^2 + 1 \times 2^1 + 1 \times 2^0$

$= 1 \times 128 + 0 \times 64 + 1 \times 32 + 1 \times 16 + 0 \times 8 + 1 \times 4 + 1 \times 2 + 1 \times 1$

$= 128 + 0 + 32 + 16 + 0 + 4 + 2 + 1$

$= (183)_{10}$

【例 1-2】将八进制数 122 转换成十进制数。

解:$(122)_8 = 1 \times 8^2 + 2 \times 8^1 + 2 \times 8^0$

$= 1 \times 64 + 2 \times 8 + 2 \times 1$

$= (82)_{10}$

【例 1-3】将十六进制数 15A 转换成十进制数。

解:$(15A)_{16} = 1 \times 16^2 + 5 \times 16^1 + 10 \times 16^0$

$$=1\times256+5\times16+10\times1$$
$$=(346)_{10}$$

即十六进制数15A转换成十进制数为346。

1.3.2 将十进制数转换成二进制数

整数部分和小数部分的转换方法是不同的,下面将分别加以介绍。

整数部分的转换

一般算法。将一个十进制整数转换为二进制数采用的方法是"除2取余",即对一个十进制整数反复进行除以2和保留余数的操作,直至商为0,然后将所得到的余数由下而上排列即可。

【例1-4】将十进制数215转化成二进制数。

解:　　　　　余数

2	215	1	(b_0) ←最低位
2	107	1	(b_1)
2	53	1	(b_2)
2	26	0	(b_3)
2	13	1	(b_4)
2	6	0	(b_5)
2	3	1	(b_6)
2	1	1	(b_7) ←最高位

结果:$(215)_{10}=(11010111)_2$

简便算法。简便算法就是借助于2的整次幂,将十进制数转换成二进制数。具体做法是将要转换的十进制数分解成若干个2的整次幂之和,然后将相应的2的整次幂填上"1",其余的位填上"0"即可。

【例1-5】将十进制数102转换成二进制数(用简便算法)。

解:首先将102分解成若干个2的整次幂之和。

$$102=64+32+4+2=2^6+2^5+2^2+2^1$$

2^7	2^6	2^5	2^4	2^3	2^2	2^1	2^0
0	1	1	0	0	1	1	0

结果:$(102)_{10}=(1100110)_2$

利用简便算法进行数制转换,需熟记二进制的权值,如果十进制数越大,则需记忆的二进制的整次幂就越大。

小数部分的转换

将一个十进制小数转换为二进制小数采用的方法是"乘2取整",即将一个十进制小数不断地乘以2,直到小数的当前值为0或满足所要求的精度为止。每乘一次取一次整数,最后将所得到的乘积的整数部分由上而下排列即可。

【例1-6】将十进制小数0.625转换成二进制小数。

解：

$$
\begin{array}{rl}
0.625 & \\
\times\quad 2 & \text{取整} \\
\hline
1.250 & \quad 1\ (b_{-1}) \quad \longleftarrow \text{最高位} \\
\times\quad 2 & \\
\hline
0.50 & \quad 0\ (b_{-2}) \\
\times\quad 2 & \\
\hline
1.0 & \quad 1\ (b_{-3}) \quad \longleftarrow \text{最低位}
\end{array}
$$

结果：$(0.625)_{10} = (0.101)_2$

通常，一个非十进制小数能够完全准确地转换成十进制数，但一个十进制小数并不一定能完全准确地转换成非十进制小数。例如，十进制小数 0.1 就不能完全准确地转换成二进制小数。在这种情况下，可以根据精度要求只转换到小数点后某一位为止，这个数就是该小数的近似值。

【例1-7】将十进制小数 0.32 转化成二进制小数，精确到 3 位小数。

解：

$$
\begin{array}{rl}
0.32 & \\
\times\quad 2 & \text{取整} \\
\hline
0.64 & \quad 0\ (b_{-1}) \quad \longleftarrow \text{最高位} \\
\times\quad 2 & \\
\hline
1.28 & \quad 1\ (b_{-2}) \\
\times\quad 2 & \\
\hline
0.56 & \quad 0\ (b_{-3}) \\
\times\quad 2 & \\
\hline
1.12 & \quad 1\ (b_{-4}) \quad \longleftarrow \text{最低位}
\end{array}
$$

结果：$(0.32)_{10} \approx (0.011)_2$

在进行转换时，如果一个数既有整数部分，又有小数部分，应分别进行转换，然后再组合起来。

【例1-8】将十进制数 215.32 转换成二进制数，精确到 3 位小数。

解：$(215)_{10} = (11010111)_2$

$(0.32)_{10} \approx (0.0101)_2$

结果：$(215.32)_{10} \approx (11010111.011)_2$

1.3.3 二进制与八、十六进制之间的转换

二进制数适合计算机内部数据的表示和运算，但书写起来位数比较长，如表示一个十进制数 1024，写成等值的二进制数就需要 11 位，很不方便。而八进制和十六进制比等值的二进制的长度短很多，而且它们之间转换也非常方便。因此在书写程序和数据时，在用到二进制数的地方，往往采用八进制数或十六进制数的形式。

　　由于二进制、八进制和十六进制之间存在的特殊关系,即 $8^1 = 2^3, 16^1 = 2^4$,因此转换方法相对简单。几种常用数制之间的对应关系如表 1.3 所示。

表 1.3　常用数制之间的对应关系

十进制	二进制	八进制	十六进制
0	0000	0	0
1	0001	1	1
2	0010	2	2
3	0011	3	3
4	0100	4	4
5	0101	5	5
6	0110	6	6
7	0111	7	7
8	1000	10	8
9	1001	11	9
10	1010	12	A
11	1011	13	B
12	1100	14	C
13	1101	15	D
14	1110	16	E
15	1111	17	F

八进制数与二进制数之间的转换

　　由于 $8^1 = 2^3$,所以每位八进制数都可用 3 位二进制数表示,也可以说 3 位二进制数可以表示 1 位八进制数。根据这种对应关系,将二进制转换成八进制时,只需以小数点为界,分别向左、向右,每 3 位二进制数分别为一组,最后不足 3 位时用 0 补足 3 位(整数部分在高位补 0,小数部分在低位补 0)。然后将每组转换成相应的八进制数,即可完成转换。

　　【例 1-9】将二进制数 10110101.0100101 转换成八进制数。

　　解:(010　110　101.010　010　100)₂

　　　　(2　　6　　5.2　　2　　4)₈

　　结果:(10110101.0100101)₂ = (265.224)₈

　　【例 1-10】将八进制数 713.26 转换成二进制数。

　　解:将每位八进制数转换成相应的 3 位二进制数即可

　　(7　　1　　3.　　2　　6)₈

　　(111　001　011.　010　110)₂

　　结果:(713.26)₈ = (111001011.010110)₂

十六进制数与二进制数之间的转换

　　由于 $16^1 = 2^4$,所以每位十六进制数都可用 4 位二进制数表示,也可以说 4 位二进制数可以表示 1 位十六进制数。将二进制数转换成十六进制数时,只需以小数点为界,分别向左、向右,每 4 位二进制数分为一组,最后不足 4 位时用 0 补足 4 位(整数在高位补 0,小数在低位补0)。然后将每组转换成相应的十六进制数,即可完成转换。

【例1-11】将二进制数101111010.00101转换成十六进制数。

解:(0001 0111 1010. 0010 1000)$_2$

（ 1   7   A   2   8 ）$_{16}$

结果:$(101111010.00101)_2=(17A.28)_{16}$

【例1-12】将十六进制数7CB6.A转换成二进制数。

解:具体做法是把每位十六进制数转换成相应的4位二进制数即可。

（7   C   B   6.   A）$_{16}$

(0111 1100 1011 0110. 1010)$_2$

结果:$(7CB6.A)_{16}=(111110010110110.101)_2$

将十进制数转换成八进制、十六进制

若要将十进制数转换为八进制数或十六进制数,一般借助于二进制,即先将十进制数转换成二进制数,再将此二进制数转换成八进制数或十六进制数。

【例1-13】将十进制数210转换成十六进制数(借助于二进制)。

解:具体步骤如下:

第一步:将十进制数210转换成二进制数:

$$210 - 128+64\ |\ 16\ |\ 2 = 2^7+2^6+2^4+2^1$$

2^7	2^6	2^5	2^4	2^3	2^2	2^1	2^0
1	1	0	1	0	0	1	0

结果为$(210)_{10}=(11010010)_2$

第二步:再将二进制数11010010转换成十六进制数,即

11010010→1101 0010 → D2

结果:$(210)_{10} = (11010010)_2 = (D2)_{16}$

将十进制数转换成八进制数的情况与将十进制数转换成十六进制数相似,不再赘述。

1.4 二进制数的常用单位

1.4.1 位

位(bit)指一位二进制数,是计算机中数据处理的最小单位。二进制数的长度是用"位"来表示的。例如,10100110为8位二进制数,1001000110110011为16位二进制数。

1.4.2 字节

通常将8位二进制数组成一组称为一个字节(byte),字节是计算机中数据处理和存储容量的基本单位。例如,存储器的容量就是以字节为单位的。

1.4.3　KB、MB、GB 和 TB

常用来描述存储器容量的单位还有 KB、MB、GB 和 TB 等。

KB(千字节)：1 KB＝1024 B＝2^{10} B

MB(兆字节)：1 MB＝1024×1 KB＝$2^{10}×2^{10}$ B＝2^{20} B

GB(吉字节)：1 GB＝1024×1 MB＝$2^{10}×2^{20}$ B＝2^{30} B

TB(太字节)：1 TB＝1024×1 GB＝$2^{10}×2^{30}$ B＝2^{40} B

1.4.4　字(word)

字也称为字长(word)，是用来表示计算机输入输出的数据长度。一个字可以是一个字节，也可以是多个字节。常用的字长有 8 位、16 位、32 位、64 位等。例如，某一类计算机的字由 4 个字节组成，则字的长度为 32 位，相应的计算机称为 32 位机。

1.5　数值数据在计算机中的表示

在计算机中处理的数据分为数值型数据和非数值型数据两类。数值型数据指数学中的代数值，分为无符号数、带符号数、整数和实数，如 101、−58.32 等。那么数值数据中的正号、负号、小数点在计算机中如何表示呢？由于计算机采用二进制，所以一切信息都要由 0 和 1 两个数字的组合来表示，即二进制数字化编码来表示。

1.5.1　机器数和真值

在计算机中，对带符号的正号和负号，也必须用"0"和"1"进行编码。通常把一个数的最高位定义为符号位，用 0 表示正，用 1 表示负，称为数符，其余位表示数值。把在机器(计算机)内存放的正、负号数码化的数称为机器数，而把机器外部由"＋""−"号表示的数称为真值。

真值一般用十进制表示。例如，真值为＋7，8 位机器数为 00000111；真值为−7，8 位机器数为 10000111。

对无符号数，如用来表示年龄、内存地址等数据，由于不涉及符号问题，所以在计算机中用一个数的全部有效位来表示数的大小。例如，真值为无符号整数 150，8 位二进制机器数为 10010110。

8 位机器数 11001101 若看作带符号数，则其真值为−77；若看作无符号数，则其真值为 205。

带符号数的数值和符号都用二进制数码来表示，那么计算机对数据进行运算时，符号位应如何处理呢？是否也同数值位一起参与运算呢？为了妥善地处理好这个问题，就产生了把符号位和数值位一起进行编码的各种方法，这就是原码、反码和补码。

1.5.2　原码

正数的符号位用"0"表示，负数的符号位用"1"表示，数值部分用真值的绝对值来表示

的二进制机器码称为原码。用$[X]_{原}$表示,设 X 为整数。例如:

$X_1 = +77 = +1001101B, [X_1]_{原} = 0\ 1001101$

$X_2 = -77 = -1001101B, [X_2]_{原} = 1\ 1001101$

原码的特点如下:

(1)用原码表示数简单、直观,与真值之间转换方便。

(2)0 的表示不唯一:$[+0]_{原} = 00000000, [-0]_{原} = 10000000$。

(3)加、减法运算复杂。不能用原码直接对两个同号数相减或两个异号数相加,而必须首先判断数的符号,再决定使用加法还是减法,才能进行具体的计算。因而使机器的结构相应地复杂化或增加机器的运行时间。例如,将十进制数"+36"与"-45"的两个原码直接相加:

$[+36]_{原} + [-45]_{原} = 0\ 0100100 + 1\ 0101101 = 1\ 1010001$

其结果符号位为"1",表示是负数;数值部分为"1010001",是十进制数"81",所以计算结果为"-81",这显然是错误的。

因此,为了运算方便,在计算机中通常将减法运算转换为加法运算,由此引入了反码和补码。

1.5.3 反码

正数的反码与其原码相同。负数的反码符号位为"1",数值位为其原码数值位按位取反。数 0 的反码也有两种不同的形式。表 1.4 是数值的原码、反码对照关系表。

表 1.4　真值+4、-4、+0、-0、+127、-127 的原码、反码对照关系

真　值	原　码	反　码
+127	01111111	01111111
+4	00000100	00000100
+0	00000000	00000000
-0	10000000	11111111
-4	10000100	11111011
-127	11111111	10000000

1.5.4 补码

正数的补码与其原码相同,负数的补码是其反码加 1。

【例 1-14】写出真值-127 的 8 位补码机器数。

解:将真值的绝对值转换成二进制数:$(127)_{10} = 1111111B$

写出原码:1 1111111(符号位为 1 表示负数,数值位为真值绝对值的二进制数)

写出反码:1 0000000(符号位不变,数值位为其原码数值位按位取反)

写出补码:1 0000001(为其反码加 1)。

所以,真值-127 的 8 位补码机器数为:1 0000001。

表 1.5　真值±4、±0、±127、－128 的 8 位二进制原码、反码、补码对照关系

真　值	原　码	反　码	补　码
＋127	01111111	01111111	01111111
＋4	00000100	00000100	00000100
＋0	00000000	00000000	00000000
－0	10000000	11111111	00000000
－4	10000100	11111011	11111100
－127	11111111	10000000	10000001
－128	－	－	10000000

补码的特点如下：

(1)0 的补码只有唯一的一个，即[0]$_{补}$＝00000000。

(2)加、减法运算方便。当负数用补码表示时，可以把减法运算转化为加法运算。

(3)8 位二进制补码表示的整数范围为－128～＋127；16 位二进制补码表示的整数范围为－32 768～＋32 767。

(4)由补码求真值：补码最高位为 1 表示真值为负数，真值的绝对值为补码数值位"按位求反加 1"的和。

1.6　ASCII 码

在计算机中，要为每个字符指定一个确定的二进制代码，作为识别与使用这些字符的依据。由于西文字符与二进制整数之间没有什么必然的联系，某一个字符究竟对哪些整数完全可以人为地规定。为了信息交换中的统一性，人们已经建立了一些字符编码标准。目前，国际上广泛使用的字符编码是 ASCII。

1.6.1　ASCII 码简介

ASCII(American Standard Code for Information Interchange，美国信息交换标准代码)原来是一个美国标准，后来被国际标准化组织认定为国际标准。

1.6.2　常用的 ASCII 码

表 1.6　ASCII 码表

ASCII 值	控制字符	ASCII 值	控制字符	ASCII 值	控制字符	ASCII 值	控制字符
0	NUT	32	（space）	64	@	96	、
1	SOH	33	！	65	A	97	a
2	STX	34	＂	66	B	98	b
3	ETX	35	♯	67	C	99	c
4	EOT	36	$	68	D	100	d

软件技术基础

续表

ASCII 值	控制字符	ASCII 值	控制字符	ASCII 值	控制字符	ASCII 值	控制字符
5	ENQ	37	%	69	E	101	e
6	ACK	38	&	70	F	102	f
7	BEL	39	,	71	G	103	g
8	BS	40	(	72	H	104	h
9	HT	41	)	73	I	105	i
10	LF	42	*	74	J	106	j
11	VT	43	+	75	K	107	k
12	FF	44	,	76	L	108	l
13	CR	45	—	77	M	109	m
14	SO	46	.	78	N	110	n
15	SI	47	/	79	O	111	o
16	DLE	48	0	80	P	112	p
17	DC1	49	1	81	Q	113	q
18	DC2	50	2	82	R	114	r
19	DC3	51	3	83	S	115	s
20	DC4	52	4	84	T	116	t
21	NAK	53	5	85	U	117	u
22	SYN	54	6	86	V	118	v
23	ETB	55	7	87	W	119	w
24	CAN	56	8	88	X	120	x
25	EM	57	9	89	Y	121	y
26	SUB	58	:	90	Z	122	z
27	ESC	59	;	91	[	123	{
28	FS	60	<	92	\	124		
29	GS	61	=	93	]	125	}
30	RS	62	>	94	ˆ	126	~
31	US	63	?	95	__	127	DEL

表 1.7　控制符说明表

NUL	VT 垂直制表	SYN 空转同步
SOH 标题开始	FF 走纸控制	ETB 信息组传送结束
STX 正文开始	CR 回车	CAN 作废
ETX 正文结束	SO 移位输出	EM 纸尽
EOY 传输结束	SI 移位输入	SUB 换置
ENQ 询问字符	DLE 空格	ESC 换码
ACK 承认	DC1 设备控制 1	FS 文字分隔符
BEL 报警	DC2 设备控制 2	GS 组分隔符
BS 退一格	DC3 设备控制 3	RS 记录分隔符
HT 横向列表	DC4 设备控制 4	US 单元分隔符
LF 换行	NAK 否定	DEL 删除

14

1.7 字符编码

为进行信息交换,各汉字使用地区都制订了一系列汉字字符集标准。

1.7.1 GB2313 编码

GB2313 字符集,收入汉字 6763 个,符号 715 个,总计 7478 个字符,这是大陆普遍使用的简体字符集。楷体-GB2313、仿宋-GB2313、华文行楷等市面上绝大多数字体支持显示这个字符集,亦是大多数输入法所采用的字符集。市面上绝大多数所谓的繁体字体,其实采用的是 GB-2313 字符集简体字的编码,用字体显示为繁体字,而不是直接用 GBK 字符集中繁体字的编码。

1.7.2 BIG-5 编码

BIG-5 字符集,收入 13060 个繁体汉字,808 个符号,总计 13868 个字符,目前普遍使用用于台湾、香港等地区。中国台湾教育部标准宋体、楷体等港台大多数字体支持这个字符集的显示。

1.7.3 GBK 编码

GBK 字符集,又称大字符集(GB——GuóBiāo 国标,K——扩展),包含以上两种字符集汉字,收入 21003 个汉字,882 个符号,共计 21885 个字符,包括了中日韩(CJK)统一汉字 20902 个、扩展 A 集(CJK Ext-A) 中的汉字 52 个。Windows 95\98 简体中文版就带有这个 GBK. txt 文件。宋体、隶书、黑体、幼圆、华文中宋、华文细黑、华文楷体、标楷体(DFKai-SB)、Arial Unicode MS、MingLiU、PMingLiU 等字体支持显示这个字符集。

1.7.4 Unicode 编码

由于各国国家标准字集所收录的汉字字数、常用字,虽然与中国两岸 GB/BIG-5 字集常用字基本类似,转换后阅读也不成问题,但是这种编码转换的混乱关系,对文字交流始终是一种障碍。因此相关国家的标准化组织和文字工作者经过共同努力,终于在 1993 年完成了包含中日韩(CJK)汉字的 Unicode 汉字标准 ISO 10646.1。Unicode 是完全双字节表示的多国文字编码体系,编码空间 0x0000-0xFFFF。ISO 10646.1 汉字标准使用编码 0x4E00-9FA5,共包含 20902 个汉字。其中:中国大陆(S)提出的汉字 17124 个,中国台湾(T)提出的汉字 17258 个;S 与 T 的并集,即中国(C)提出的汉字为 20158 个。日本(J)提出的汉字为 12157 个,中国未提出的 690 个(Ja);韩国(K)提出的汉字为 7477 个,其中中国未提出的 90 个(Ka);Ja 与 Ka 并集共 744 字。支持 Unicode 编码的相关电脑系统软件,如 Unix,Windows95 已有推出,但是由于 Unicode 的 ASCII 码是用双字节编码(即一般电脑系统中的单字节 ASCII 码前加 0x00),同时其汉字编码与各国的现有编码也不兼容,造成现有的软件和数据不能直接使用,所以目前完全使用 Unicode 软件系统的用户并不多,大多数只将它作为一个国际语言编码标准来使用。

1.8　总　结

（1）人类使用十进制计数法，而计算机使用二进制计数法，因此计算机在执行人类发出的任务时，会进行十进制和二进制间的转换。

（2）一般来说，基数是几就是几进制。进位规则就是"逢几进一"。

（3）将非十进制数转换成十进制数的方法是把非十进制数按位权展开并求和。

（4）将一个十进制整数转换为二进制数采用的方法是"除2取余"。

（5）在书写程序和数据时，在用到二进制数的地方，往往采用八进制数或十六进制数的形式。

（6）位（bit）指一位二进制数，是计算机中数据处理的最小单位。

（7）通常将8位二进制数组成一组称为一个字节（byte），字节是计算机中数据处理和存储容量的基本单位。

1.9　作　业

（1）在计算机中，byte 的中文含义是（　　　）。

A. 二进制位　　　　　　　　　　B. 字

C. 字节　　　　　　　　　　　　D. 双字

（2）十进制数 155 所对应的二进制数是（　　　）。

A. 10011001　　　　　　　　　　B. 10011010

C. 10011011　　　　　　　　　　D. 10011100

（3）二进制数 10110011 所对应的十进制数为（　　　）。

A. 178　　　　　　　　　　　　　B. 180

C. 179　　　　　　　　　　　　　D. 181

（4）在计算机内部，一切信息均表示为（　　　）。

A. 二进制数　　　　　　　　　　B. 十进制数

C. BCD 码　　　　　　　　　　　D. ASCII 码

（5）二进制数 1110110.101 转换成十六进制数是（　　　）。

A. 76. A　　　　　　　　　　　　B. 76. 5

C. E6. A　　　　　　　　　　　　D. E6. 5

（6）下列 4 个不同进制的数中，（　　　）是非法的。

A. $(8913)_{10}$　　　　　　　　　　B. $(10111101)_{10}$

C. $(1682)_{10}$　　　　　　　　　　D. $(C19)_{10}$

（7）汉字编码国家标准 GB2313 一共规定了（　　　）个汉字的编码。

A. 4763　　　　　　　　　　　　B. 5763

C. 6763　　　　　　　　　　　　D. 7763

（8）在 ASCII 码，英文字母 A 与 a 相比较是（　　　）。

A. A 比 a 大   B. A 比 a 小

C. A 与 a 相等   D. 无法比较

(9)下面(　　)不是计算机高级语言。

A. PASCAL   B. UNIX

C. VC++   D. BASIC

(10)用高级语言编写的源程序要转换成等价的目标程序,必须经过(　　　)。

A. 汇编   B. 编辑

C. 编译   D. 解释

(11)计算机中存储数据最小单位是(　　)。

A. 字节   B. 字

C. 二进制   D. KB

(12)1 KB 中有(　　)位数的存储单位。

A. 1000   B. 1024

C. 2048   D. 8192

(13)数值 10H 是(　　)的一种表示方法。

A. 二进制数   B. 八进制数

C. 十进制数   D. 十六进制数

第 2 章 计算机软件编程及 DOS 命令

学习目标

(1)了解什么是指令、什么是程序、什么是软件。

(2)了解什么是系统软件、什么是应用软件。

(3)了解计算机软、硬件之间的关系。

(4)了解人类与计算机如何沟通。

(5)了解低级语言和高级语言的特点。

(6)掌握常用 DOS 命令。

本章单词

请提前预习下列单词。

(1)Software ['sɔftwɛr]：软件。

(2)DOS [dɑːs；dɔs]：磁盘操作系统(Disk Operation System)。

(3)Windows ['wɪndouz]：微软公司生产的"视窗"操作系统。

(4)Unix ['juːniks]：一种多用户的计算机操作系统。

(5)WordProcessor [wɜːd-'prəusesə]：文字处理。

(6)SpreadSheet[spred-ʃiːt]：电子表格。

(7)DataBase ['detəbes]：数据库管理。

(8)Communication& Network [kə,mjuniˈkeʃən-ˈnetwɜːk]：计算机通信与网络。

(9)Natural Language ['nætʃrəl-'læŋgwidʒ]：自然语言。

(10)Machine Language[məˈʃin-ˈlæŋgwidʒ]：机器语言。

(11)Programming Language['prougræmiŋ-ˈlæŋgwidʒ]：编程语言。

(12)Programmer ['prəugræmə]：程序员。

(13)Source Code [sɔrs-koud]：源代码。

(14)Compiler [kəm'paɪlə]：编译器。

(15)Machine Code[məˈʃin-koud]：机器码。

(16)Compile-time [kəmˈpail-taim]：编译时期。

(17)Run-time[rʌn-taim]：执行时期。

(18)Interpreter [ɪnˈtɜːpritə]：解释器。

(19)Script [skript]：脚本。

(20)Scripting Language[skriptlŋ-ˈlæŋgwidʒ]：脚本语言。

(21)Copy ['kɒpi]：复制。

(22)Format ['fɔːmæt]：格式化。

(23) Help [help]：帮助。

(24) Operating System ['ɒpəreɪtɪŋ'sɪstəm]：操作系统。

2.1　软件的基本概念

2.1.1　什么是软件

软件(Software)是一系列按照特定顺序组织的计算机数据和指令的集合。一般来讲，软件被划分为系统软件、应用软件和介于这两者之间的中间件。

软件不只包括可以在计算机(这里的计算机是指广义的计算机)上运行的电脑程序，与这些电脑程序相关的文档一般也被认为是软件的一部分。简单地说，软件就是程序加文档的集合体。

◆指令：是能被计算机识别并执行的二进制代码，它规定了计算机能完成的某一操作。一条指令通常由两个部分组成：操作码＋操作数。操作码是指明该指令要完成的操作类型或性质，如取数、做加法或输出数据等。操作数是指明操作对象的内容或所在的存储单元地址(地址码)，操作数在大多数情况下是地址码，地址码可以有 0～3 个。

◆程序：是用某种特定的符号系统(语言)对被处理的数据和实现算法的过程进行的描述。通俗地说，就是用于指挥计算机执行各种动作，以便完成指定任务的指令序列。

2.1.2　系统软件

系统软件分为操作系统软件与计算机语言翻译系统软件两部分，包括 4 个方面。

◆操作系统软件。操作系统软件是由一组控制计算机系统并对其进行管理的程序组成，它是用户与计算机硬件系统之间的接口，为用户和应用软件提供了访问与控制计算机硬件的桥梁。常用的操作系统有 DOS、Windows 系列、Unix 等。

◆各种语言翻译系统。各种程序设计语言，如汇编语言、C 语言、Java 语言等所编写的源程序，计算机不能直接执行源程序，源程序必须经过翻译才能被计算机识别，这就需要语言翻译系统。

◆系统支撑和服务程序。这些程序又称为工具软件，如系统诊断程序、调试程序、排错程序、编辑程序、查杀病毒程序等，都是为维护计算机系统的正常运行或支持系统开发所配置的软件系统。

◆数据库管理系统。主要用来建立存储各种数据资料的数据库，并进行操作和维护。

2.1.3　应用软件

为解决各类实际问题而设计的软件称为应用软件。按照其服务对象，一般分为通用的应用软件和专用的应用软件。

通用的应用软件一般是为了解决许多人都会遇到的某一类问题而设计的，包括文字处理(WordProcessor)、电子表格(SpreadSheet)、数据库管理(DataBase)、辅助设计与辅助制造(CAD&CAM)、计算机通信与网络(Communication & Network)等方面。

专用的应用软件是专为少数用户设计的、目标单一的应用软件,如某机床设备的自动控制软件、用于某实验仪器的数据采集与数据处理的专用软件和学习某门课程的辅助教学软件等。

2.1.4　计算机软、硬件之间的关系

计算机中,硬件和软件是相辅相成的,从而构成一个不可分割的整体——计算机系统。

◆硬件是软件的基础。没有硬件,软件无法栖身,无法工作。

◆软件是硬件的功能扩充与完善。系统软件支持应用软件的开发,操作系统支持应用软件和系统软件的运行。各种软件通过操作系统的控制和协调,完成对硬件系统各种资源的利用。

◆硬件和软件相互渗透、相互促进。从功能上讲,计算机硬件和软件之间并不存在一条固定或一成不变的界限。计算机系统的许多功能,既可以用硬件实现,也可以用软件实现。由于软硬件功能的相互渗透,也促进了软硬件技术的发展。

2.2　认识编程

2.2.1　人类与计算机如何沟通

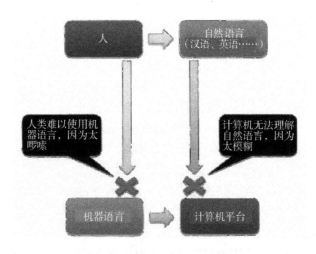

图 2.1　人类与计算机如何沟通

人类使用的语言比如汉语、英语等,称为自然语言(Natural Language);计算机使用的语言称为机器语言(Machine Language)。人类与计算机使用不同的语言,要如何沟通?

◆如果要人类学习计算机的机器语言,对人类来说太困难,因为机器语言都是01010011这样的二进制格式,即使要计算机做一件很简单的事,也需要不可思议的繁琐叙述。

◆如果要计算机学习人类的自然语言,对计算机来说也太困难,因为自然语言都太不精确(比如双关语),而且很多与语气或上下文相关,涵盖的知识领域也太广,这些都会让

计算机无法理解人类语言。

如何跨越这样的鸿沟呢？

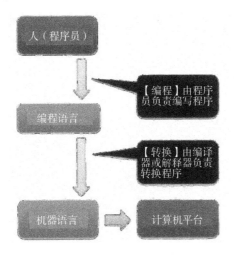

图 2.2 编程语言

可行的方法是设计一套编程语言（Programming Language）。编程语言很容易学习与使用，因为它结合了机器语言的精准，并使用一些人类语言的符号（例如 if、while），让计算机与人类都能接受。人类只要经过一段时间的学习，就能够使用编程语言；而这个语言因为相当精准，所以可以通过一种转换软件（编译器或解释器，稍后说明），转换成机器语言让计算机执行。

能使用编程语言写程序，并以此为职业的人，称为程序员（Programmer），或者程序设计师。程序员写出来的原始程序（未经任何转换处理）称为源代码（Source Code），或代码（Code），或源码。

2.2.2 编译型语言

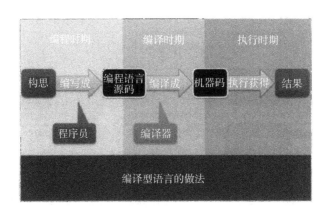

图 2.3 编译器是一种软件，用来在编译时期将源代码转换成机器码

程序员负责将构思通过编程语言编写成源码，再将源码交给编译器（Compiler），转换成机器码（Machine Code），然后就可以在计算机上执行。编译器将源码编译成机器码的

这个过程,称为编译时期(Compile-time)。机器码在计算机内执行的阶段,称为执行时期(Run-time)。需要用到编译器的编程语言,称为编译型语言。

我们可以把这看成一次性翻译。事先翻译成机器码,以后每次执行都是直接执行机器码,不需要再转换。编译过的程序因为是机器码,所以执行效率很高,这是编译型语言一个很大的优点。

2.2.3 解释型语言

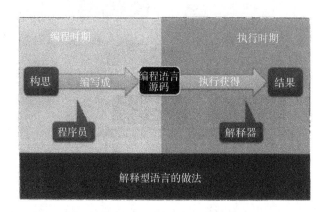

图 2.4 解释器是一种软件,用来在执行时期将源码转换成机器码

有些语言不需要编译器,而是在执行时由解释器(Interpreter)一边翻译一边执行的。需要解释器的语言称为解释型语言。采用解释型语言写出来的代码常被称为脚本(Script),所以解释型语言也常被称为脚本语言(Scripting Language)。

用解释型语言写出来的程序,每次执行时都要再次翻译,所以缺点是效率会低一点,但优点是跨平台(后面将说明原因)。

2.2.4 什么是跨平台

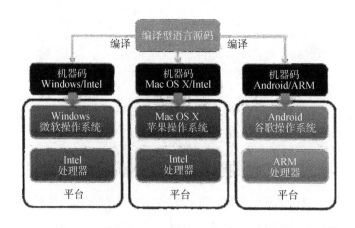

图 2.5 编译型语言源码事先被编译成某平台机器码,无法跨平台

　　所谓跨平台是指程序可以不经处理就在不同的平台上执行。而"平台"一词有很多定义，在本书中是指操作系统与硬件（处理器）的组合。

　　用编译型语言写出来的程序，必须先编译成机器码。而机器码是与底下的平台息息相关的，所以用编译型语言写出来的程序，无法跨平台（也就是说，无法在不同的平台上执行）。

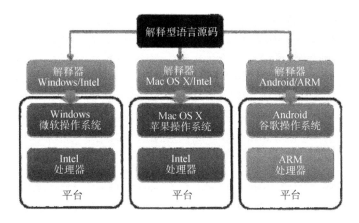

图 2.6　解释型语言源码只要有相应的解释器即可跨平台

　　解释型语言则很容易跨平台，因为它的可执行代码就是源码（不需要编译），所以代码中没有与平台相关的部分。不管平台是微软 PC（Windows ＋ Intel），或是苹果 Mac（Mac OS X ＋ Intel），或者安卓手机（Android ＋ ARM），或者其他平台，只要该平台上有对应的解释器，就可以顺利执行解释型语言写出来的程序。

2.3　计算机语言

　　计算机语言按其和硬件接近的程度可以分为低级语言和高级语言两大类。

2.3.1　低级语言

　　低级语言包括：

◆机器语言。

◆汇编语言。

　　机器语言是最内层的计算机语言，由计算机硬件直接识别的二进制代码来构成指令。由二进制代码组成的指令的集合称为计算机指令系统，它与计算机硬件关系密切。每种机器都有自己的一套机器语言，不同机种之间，机器语言不能通用，所以是一种只面向机器的语言。

　　机器语言是唯一能被计算机直接识别和执行的语言，因而执行速度最快。但缺点是编写程序不便，直观性差，阅读困难，修改、记忆和调试费力，且不具有可移植性。

　　汇编语言是一种符号化的机器语言。为了便于理解和记忆，采用帮助人们记忆的英文缩写符号（也称指令助记符）来代替机器语言指令代码中的操作码，用地址符号来代替地址码，这种用指令助记符和地址符号来编写的指令称为汇编语言。

汇编语言与机器语言指令之间基本上是一一对应的,因此,汇编语言也是从属于特定的机型,也是面向机器的语言,与机器语言相差无几,但不能被机器直接识别与执行。由于汇编语言采用了助记符,因此,它比机器语言更直观、便于记忆和理解,也比机器语言程序易于阅读和修改。

2.3.2 高级语言

由于机器语言或汇编语言对机器的依赖性大,它们都不能离开具体的计算机指令系统,并且编写程序复杂,效率低,通用性差,因此出现了一种面向过程的程序设计语言,这种语言称为高级语言。

目前,世界上已有很多种不同类型和功能的高级语言,如 BASIC、Fortran、C、VB、Delphi、C++、Java、C♯等。高级语言编写的程序是由一系列的语句(或函数)组成的,每一条语句可以对应若干条机器指令,用高级语言编写计算机程序大大地提高了编程效率。而且由于高级语言的书写方式接近人们的表达习惯,所以这样的程序更便于阅读和理解,出错时也容易检查和修改,给程序的调试带来很大的方便,大大地促进了计算机的普及。

高级语言分为两种:

◆面向过程的程序设计语言,BASIC、Fortran、C 等都属于面向过程的程序设计语言。

◆面向对象的程序设计语言,VB、Delphi、C++、Java、C♯等都属于面向对象的程序设计语言。

面向过程的程序设计语言使用"函数"或"过程"等子程序来组成程序,而面向对象的程序设计语言使用"类"和"对象"来组成程序。

语言处理的核心内容是进行语言翻译,有两种基本的处理方式:解释和编译。

2.4 DOS 命令

2.4.1 什么是 DOS

DOS 实际上是 Disk Operation System(磁盘操作系统)的简称。顾名思义,这是一个基于磁盘管理的操作系统。与我们现在使用的操作系统最大的区别在于,它是命令行形式的,靠输入命令来进行人机对话,并通过命令的形式把指令传给计算机,让计算机实现操作。

DOS 是 1981~1995 年的个人电脑上使用的一种主要的操作系统。由于早期的 DOS 系统是由微软公司为 IBM 的个人电脑(Personal Computer)开发的,故而称之为 PC-DOS,又以其公司命名为 MS-DOS,因此后来其他公司开发的与 MS-DOS 兼容的操作系统,也延用了这种称呼方式,如:DR-DOS、Novell-DOS 等等。

我们平时所说的 DOS 一般是指 MS-DOS。最初的计算机采用的都是 DOS 操作系统,后来,微软公司开发了 Windows 操作系统,又叫作 Windows 操作平台。由于 Windows 操作平台简单易学,不必记忆大量的英文命令,而且功能也越来越完善,所以特别受大家的欢迎。

2.4.2　如何进入 DOS 命令框

常用的有两种方式。第一种:点击【开始】——【运行】——输入:cmd。

图 2.7　进入 DOS 命令框的第一种方式

第二种:点击【开始】——【搜索程序和文件】——输入:cmd。

图 2.8　进入 DOS 命令框的第二种方式

接下来就看到命令行的窗口了。

图 2.9　DOS 命令框

2.4.3 使用 dir 命令显示文件信息

我们使用 dir 可以显示指定路径上所有文件或目录的信息,具体使用情况如下:

格式:dir [盘符:][路径][文件名][参数]

参数:

◆/w:宽屏显示,一排显示 5 个文件名,而不会显示修改时间、文件大小等信息;

◆/p:分页显示,当屏幕无法将信息完全显示时,可使用其进行分页显示;

◆/a:显示具有特殊属性的文件;

◆/s:显示当前目录及其子目录下所有的文件。

图 2.10 使用 dir 命令显示文件信息

2.4.4 使用 cd 命令进入目录

我们学习了查看目录的方法,如果我们要进入 tools 目录下,就需要使用 cd 命令进行操作。

格式:cd [路径],cd 命令只能进入当前盘符中的页目录,其中"cd\"为返回到根目录,"cd.."为返回到上一层目录。

2.4.5 使用 md 命令创建目录

格式:md [盘符][路径]。例如:md tools\abc,表示在当前盘符下建立一个名为 abc 的目录。

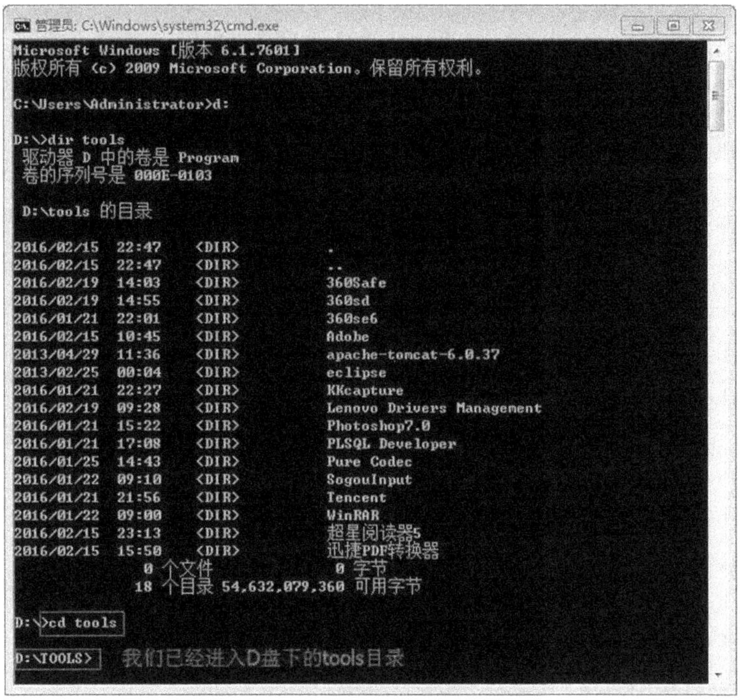

图 2.11　使用 cd 命令进入目录

图 2.12　使用 md 命令创建目录

2.4.6　使用 copy con 命令创建文件

使用 copy con 命令来创建文件。格式：copy con［文件名］.［扩展名］，按回车键，输入文件的内容，输入 Ctrl＋Z 回车。

举例：copy con 123.txt，如图 2.13 所示。

图 2.13　使用 copy con 命令创建文件

2.4.7　使用 del 命令删除文件

我们采用上面同样的方式创建 1.mp3 文件,然后再删除创建的 1.mp3 文件,删除后查看效果。

图 2.14　使用 del 命令删除文件

2.4.8　使用 rd 命令删除目录

格式:rd [盘符] [路径],例如:rd tools 下的 abc 目录,此命令只能删除空目录。我们上述步骤已经在 abc 目录下拷贝了 123.txt 文件,所以首先要把这个文件删除掉,再删除目录。

28

图 2.15　使用 rd 命令删除目录

2.4.9　使用 format 命令格式化磁盘

含义:格式化命令,可以完成对软盘和硬盘的格式化操作。

格式:format［盘符］［参数］

举例:format a：/s/q,此命令将格式化 a 盘,其中参数/q 表示进行快速格式化,/s 表示完成格式化后将系统引导文件拷贝到该磁盘,这样软件就可以作为 DOS 系统启动盘了。格式化过程中,屏幕上会显示已经完成的百分比。格式化完成后,会提示为磁盘起一个名字,最后还会报告磁盘的总空间和可利用空间等。

2.4.10　使用 help 命令查看帮助

含义:帮助命令,可以查看帮助文档。

2.5　操作系统概述

2.5.1　操作系统的定义及特点

计算机系统

计算机是能存储程序和数据并能自动执行程序的机器,它由硬件系统和软件系统两部分组成。计算机硬件是组成计算机的各种物理设备,即看得见、摸得着的实实在在的物理实体,如光驱、硬盘、鼠标、键盘、显示器等等。计算机软件是为运行、管理和维护计算机而编制的计算机程序和文档,它分为系统软件和应用软件两部分。

图 2.16 使用 help 命令查看帮助

操作系统

操作系统(Operating System,简写为 OS)是最底层的系统软件,是其他系统软件和应用软件能够在计算机上运行的基础。操作系统的作用是管理计算机系统的全部软硬件资源,使得它们能够协调一致、有条不紊地工作,同时提供计算机系统与用户之间的接口,使得用户与计算机系统能够进行交互。因此,操作系统的功能包括三个方面:资源管理、程序控制和人机交互。

操作系统有以下四个方面的特点:

◆并发性。

◆共享性。

◆虚拟性。

◆不确定性。

2.5.2 常用操作系统简介

DOS

DOS 是 Disk Operating System 的缩写,表示磁盘操作系统。最常用的 DOS 操作系统是 MS-DOS。MS-DOS 是 Microsoft Disk Operating System 的简称,是由美国微软公司(Microsoft)提供的磁盘操作系统。MS-DOS 最初是微软公司为 IBM 公司的 PC 机专门设计制作的磁盘操作系统,自从 1981 年问世以来,就取得了巨大的成功。在 Windows 95 以前,DOS 是 PC 兼容电脑的最基本配备,而 MS-DOS 则是最普遍使用的 PC 兼容的 DOS。

Windows

自从 1985 年微软推出 Windows 1.0 以来，Windows 系统经历了这么多年风风雨雨。从最初运行在 DOS 下的 Windows 3. x，到之后风靡全球的 Windows 9x、Windows 2000、Windows XP、Windows 2003、Windows Vista，Windows 代替了 DOS 曾经担当的位置。Windows 的流行让人们感到吃惊，几乎所有家庭用户电脑上都安装了 Windows，大部分的商业用户也选择了它。

Unix

Unix 操作系统自 1969 年踏入计算机世界以来已有 40 多年的历史。虽然目前市场上面临 Windows 的强有力的竞争，但它仍然是笔记本电脑、PC、PC 服务器、中小型机、工作站、大巨型机及集群、SMP、MPP 上全系列通用的操作系统。

Linux

自 1991 年 Linux 操作系统发布以来，Linux 操作系统以令人惊异的速度迅速在服务器和桌面系统中获得了成功，它已经被业界认为是未来最有前途的操作系统之一。并且，在嵌入式领域，由于 Linux 操作系统具有开放源代码、良好的可移植性、丰富的代码资源以及异常的健壮，使得它获得越来越多的关注。

2.5.3　Windows 7 系统

Windows 7 是微软公司推出的新一代微机操作系统，2009 年 10 月 22 日正式版发布并投入市场。它继承了 Windows XP 的实用与 Windows Vista 的华丽，同时进行了一次升华。

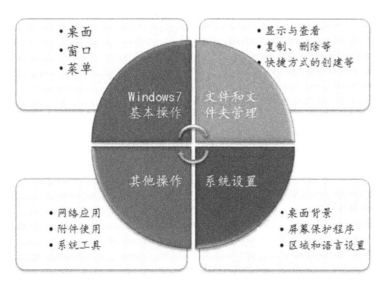

图 2.17　Windows 7 系统

◆桌面。Windows 7 的桌面主要由"计算机""网络""回收站""任务栏""时钟"等组成。

31

◆桌面图标。图标是各个应用程序对象的图形,双击应用程序图标可启动该应用程序,用户还可以把一些常用的应用程序或文件夹的图标添加到桌面上。

◆任务栏。任务栏位于桌面最下方的小长条,主要由"开始"菜单、快速启动区、应用程序区、托盘区和显示桌面按钮等组成。

◆开始菜单。桌面左下角"开始"按钮是运行程序的入口,点击该按钮将打开常用程序菜单。

2.6 总 结

(1)软件是一系列按照特定顺序组织的计算机数据和指令的集合。

(2)计算机的软件系统是指为使用计算机而编制的程序和有关文件。

(3)软件系统有两种类型:系统软件和应用软件。

(4)计算机语言按其和硬件接近的程度可以分为低级语言和高级语言两大类。

(5)低级语言包括机器语言和汇编语言。

(6)DOS 实际上是 Disk Operation System(磁盘操作系统)的简称。

(7)操作系统是最底层的系统软件,是其他系统软件和应用软件能够在计算机上运行的基础。

(8)常用操作系统有 DOS,Windows,Unix,Linux。

2.7 作 业

(1)在 DOS 操作系统中,准备用 rd 命令删除的目录应该是(　　)的目录。

A. 有文件　　　　　　　　　　B. 有子目录

C. 有多级子目录　　　　　　　D. 空

(2)当前驱动器为 A 盘,要删除 C 盘 USER 目录下的所有文件的命令是(　　)。

A. DEL C:USER ＊.＊　　　　　B. DEL C:＊.＊

C. DEL C:USER\ ＊.＊　　　　　D. DEL C:\USER\ ＊.＊

(3)要显示 B 盘上的目录,正确的操作命令有(　　)。

A. A＞B:DIR/W　　　　　　　B. A＞DIR/M B:

C. A＞DIR B:/P　　　　　　　D. B＞A:DIR/P

(4)不属于文件操作的 DOS 命令有(　　)。

A. COPY　　　　　　　　　　B. MD

C. DEL　　　　　　　　　　　D. TYPE

第 3 章　计算机网络基础

学习目标

(1)了解什么是计算机网络。

(2)了解计算机网络的主要功能及特点。

(3)了解计算机网络的组成。

(4)了解计算机网络的拓扑结构有哪些。

(5)了解计算机网络协议、IP 地址及域名。

(6)掌握常用的网络诊断命令。

本章单词

请提前预习下列单词。

(1)ARPAnet(Advanced Research Project Agency Network):阿帕网络。

(2)Server[ˈsɜːvə]:服务器。

(3)Clients [ˈklaɪənts]:客户端。

(4)Switch [swɪtʃ]:交换机。

(5)Router [ˈruːtə(r)]:路由器。

(6)WAN(Wide Area Network):广域网。

(7)LAN(Local Area Network):局域网。

(8)Internet [ˈɪntənet]:因特网。

(9)Ping [pɪŋ]:声脉冲。

3.1　计算机网络概述

二十一世纪是信息化、网络化的时代,作为计算机技术和通信技术相结合的产物——信息网络已成为十分重要的基础设施。在未来信息化社会里,人们必须学会在网络环境下学习、工作、交流。

今天我们就通过因特网来学习计算机网络基础知识,一起走进网络世界,去发现、探索网络的奥秘。

计算机网络起源于 1969 年美国国防部高级研究计划署(ARPA)的 ARPAnet,追溯计算机网络的发展历史,它的演变可概括地分成三个阶段:

◆第一代:以单计算机为中心的联机系统。缺点:主机负荷较重;通信线路的利用率低;网络结构属集中控制方式,可靠性低。

◆第二代:计算机网络。以远程大规模互联为主要特点,由 ARPAnet 发展和演化而来。ARPAnet 的主要特点:资源共享、分散控制、分组交换、采用专门的通信控制处理机、分层的网络协议。这些特点往往被认为是现代计算机网络的典型特征。

◆第三代:遵循网络体系结构标准建成的网络。

3.1.1　什么是计算机网络

计算机网络分布在不同地理位置上的具有独立功能的多台计算机系统,通过通信设备和通信线路连接起来,再配有相应的支撑软件,以实现计算机之间的资源共享、相互通信目的的网络系统。

图 3.1　两台计算机互连

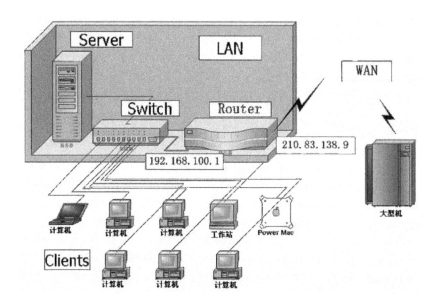

图 3.2　一个典型的小型办公网络

计算机网络的组成基本上包括:

◆计算机。

◆网络操作系统。

◆传输介质。

◆应用软件。

3.1.2　计算机网络的主要功能

计算机网络的功能目的是实现计算机之间的资源共享、网络通信和对计算机的集中管理。除此之外还有均衡负荷、分布处理和提高系统安全与可靠性等功能。

资源共享

（1）硬件资源：包括各种类型的计算机、大容量存储设备、计算机外部设备，如彩色打印机、静电绘图仪等。

（2）软件资源：包括各种应用软件、工具软件、系统开发所用的支撑软件、语言处理程序、数据库管理系统等。

（3）数据资源：包括数据库文件、数据库、办公文档资料、企业生产报表等。

（4）信道资源：通信信道可以理解为电信号的传输介质。通信信道的共享是计算机网络中最重要的共享资源之一。

网络通信

通信信道可以传输各种类型的信息，包括数据信息和图形、图像、声音、视频流等各种多媒体信息。

分布处理

把要处理的任务分散到各个计算机上运行，而不是集中在一台大型计算机上。这样，不仅可以降低软件设计的复杂性，而且还可以大大提高工作效率和降低成本。

集中管理

计算机在没有联网的条件下，每台计算机都是一个"信息孤岛"。在管理这些计算机时，必须分别管理。而计算机联网后，可以在某个中心位置实现对整个网络的管理。如数据库情报检索系统、交通运输部门的定票系统、军事指挥系统等。

均衡负荷

当网络中某台计算机的任务负荷太重时，通过网络和应用程序的控制和管理，将作业分散到网络中的其他计算机中，由多台计算机共同完成。

3.1.3　计算机网络的特点

可靠性

在一个网络系统中，当一台计算机出现故障时，可立即由系统中的另一台计算机来代替其完成所承担的任务。同样，当网络的一条链路出了故障时可选择其他的通信链路进行连接。

高效性

计算机网络系统摆脱了中心计算机控制结构数据传输的局限性，并且信息传递迅速，系统实时性强。网络系统中各相连的计算机能够相互传送数据信息，使相距很远的用户之间能够即时、快速、高效、直接地交换数据。

独立性

网络系统中各相连的计算机是相对独立的，它们之间的关系是既互相联系，又相互独立。

扩充性

在计算机网络系统中，人们能够很方便、灵活地接入新的计算机，从而达到扩充网络系统功能的目的。

廉价性

计算机网络使微机用户也能够分享到大型机的功能特性，充分体现了网络系统的"群体"优势,能节省投资和降低成本。

分布性

计算机网络能将分布在不同地理位置的计算机进行互连,可将大型、复杂的综合性问题实行分布式处理。

易操作性

对计算机网络用户而言,掌握网络使用技术比掌握大型机使用技术简单,实用性也很强。

3.2　计算机网络的结构组成

一个完整的计算机网络系统是由网络硬件和网络软件所组成的。网络硬件是计算机网络系统的物理实现,网络软件是网络系统中的技术支持。两者相互作用,共同完成网络功能。

网络硬件:一般指网络的计算机、传输介质和网络连接设备等。

网络软件:一般指网络操作系统、网络通信协议等。

3.2.1　网络硬件的组成

主计算机

在一般的局域网中,主机通常被称为服务器,是为客户提供各种服务的计算机,因此对其有一定的技术指标要求,特别是主、辅存储容量及其处理速度要求较高。根据服务器在网络中所提供的服务不同,可将其划分为文件服务器、打印服务器、通信服务器、域名服务器、数据库服务器等。

网络工作站

除服务器外,网络上的其余计算机主要是通过执行应用程序来完成工作任务的,我们把这种计算机称为网络工作站或网络客户机,它是网络数据主要的发生场所和使用场所,用户主要是通过使用工作站来利用网络资源并完成自己作业的。

网络终端

是用户访问网络的界面,它可以通过主机连入网内,也可以通过通信控制处理机连入网内。

通信处理机

一方面作为资源子网的主机、终端连接的接口,将主机和终端连入网内;另一方面它又作为通信子网中分组存储转发节点,完成分组的接收、校验、存储和转发等功能。

通信线路

通信线路(链路)是为通信处理机与通信处理机、通信处理机与主机之间提供通信信道。

信息变换设备

对信号进行变换,包括:调制解调器、无线通信接收和发送器、用于光纤通信的编码解码器等。

3.2.2　网络软件的组成

在计算机网络系统中,除了各种网络硬件设备外,还必须具有网络软件。

网络操作系统

网络操作系统是网络软件中最主要的软件,用于实现不同主机之间的用户通信,以及全网硬件和软件资源的共享,并向用户提供统一的、方便的网络接口,便于用户使用网络。目前网络操作系统有三大阵营:Unix、NetWare 和 Windows。目前,我国最广泛使用的是 Windows 网络操作系统。

网络协议软件

网络协议是网络通信的数据传输规范,网络协议软件是用于实现网络协议功能的软件。

目前,典型的网络协议软件有 TCP/IP 协议、IPX/SPX 协议、IEEE802 标准协议系列等。其中,TCP/IP 是当前异种网络互连应用最为广泛的网络协议软件。

网络管理软件

网络管理软件是用来对网络资源进行管理以及对网络进行维护的软件,如性能管理、配置管理、故障管理、记费管理、安全管理、网络运行状态监视与统计等。

网络通信软件

网络通信软件是用于实现网络中各种设备之间进行通信的软件,使用户能够在不必详细了解通信控制规程的情况下,控制应用程序与多个站进行通信,并对大量的通信数据进行加工和管理。

网络应用软件

网络应用软件是为网络用户提供服务,最重要的特征是它研究的重点不是网络中各个独立的计算机本身的功能,而是如何实现网络特有的功能。

3.2.3　计算机网络的拓扑结构

当我们组建计算机网络时,要考虑网络的布线方式,这也就涉及网络拓扑结构的内容。网络拓扑结构指网路中计算机线缆,以及其他组件的物理布局。

局域网常用的拓扑结构有:总线型结构、环型结构、星型结构、网状型结构。拓扑结构影响着整个网络的设计、功能、可靠性和通信费用等许多方面,是决定局域网性能优劣的重要因素之一。

总线型拓扑结构

总线型拓扑结构是指网络上的所有计算机都通过一条电缆相互连接起来。

总线上的通信:在总线上,任何一台计算机在发送信息时,其他计算机必须等待。而且计算机发送的信息会沿着总线向两端扩散,从而使网络中所有计算机都会收到这个信息,但是否接收,还取决于信息的目标地址是否与网络主机地址相一致,若一致,则接受,若不一致,则不接收。

特点:其中不需要插入任何其他的连接设备。网络中任何一台计算机发送的信号都沿一条共同的总线传播,而且能被其他所有计算机接收。有时又称这种网络结构为点对

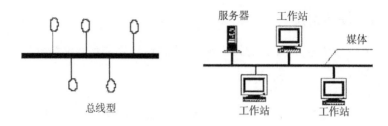

图 3.3　总线型拓扑结构

点拓扑结构。

优点:连接简单、易于安装、成本费用低。

缺点:传送数据的速度缓慢,共享一条电缆,只能由其中一台计算机发送信息,其他接收;维护困难,因为网络一旦出现断点,整个网络将瘫痪,而且故障点很难查找。

星型拓扑结构

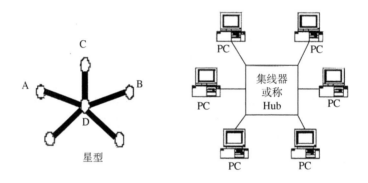

图 3.4　星型拓扑结构

每个节点都由一个单独的通信线路连接到中心节点上。中心节点控制全网的通信,任何两台计算机之间的通信都要通过中心节点来转接。

优点:结构简单、便于维护和管理,因为当中某台计算机或头条线缆出现问题时,不会影响其他计算机的正常通信,维护比较容易。

缺点:通信线路专用,电缆成本高;中心节点是全网络的可靠瓶颈,中心节点出现故障会导致网络的瘫痪。

环型拓扑结构

环型拓扑结构是以一个共享的环型信道连接所有设备,称为令牌环。在环型拓扑中,信号会沿着环型信道按一个方向传播,并通过每台计算机。而且,每台计算机会对信号进行放大后,传给下一台计算机。

环型结构的显著特点:每个节点用户都与两个相邻节点用户相连。

优点:电缆长度短。

缺点:节点过多时,影响传输效率;环某处断开会导致整个系统的失效,节点的加入和撤出过程复杂;检测故障困难,因为不是集中控制,故障检测需在环的各个节点进行,故障的检测就很不容易。

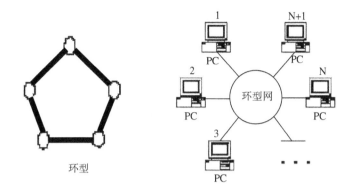

图 3.5　环型拓扑结构

网状拓扑结构

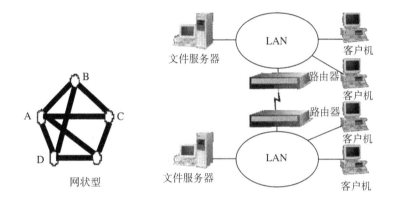

图 3.6　网状拓扑结构

在网状拓扑结构中,网络的每台设备之间均有点到点的链路连接,这种连接不经济,只有每个站点都要频繁发送信息时才使用这种方法。它的安装也复杂,但系统可靠性高,容错能力强。

优点:可靠性高、易扩充、组网方式灵活。

缺点:费用高、结构复杂、管理维护困难。

3.2.4　计算机网络协议

在计算机网络中,每台计算机在与其他计算机交换信息或利用其他计算机的资源时必须遵守一些规则和约定,这些规则和约定成为计算机网络协议。在因特网上计算机必须遵循 TCP/IP 协议。

TCP/IP 协议是目前最常用的一种网络协议,它是计算机世界里的一个通用协议,在OSI 参考模型出现前 10 年就存在了,实际上是许多协议的总称,包括 TCP 和 IP 协议及其他 100 多个协议。

TCP/IP 协议是一种分层的体系结构,分为四个层,分别为应用层、传输层、网际层、网络接口层。

应用层：定义了面向应用的协议，网络应用都要依赖于这些不同的应用协议。如FTP，Telnet。

传输层：有两个并列的协议，TCP（传输控制协议）和UDP（用户数据报协议）。

TCP协议负责保证数据按次序、安全、无重复地传递，是一个面向连接的协议，用于一次传输交换大量报文的情况，如文件传输、远程登录等。

UDP提供的是高效率服务，用于一次传输交换少量报文，如ICQ，OICQ。

端口是TCP和UDP与应用程序打交道的访问点，就像通道两端的门一样，进行通信时门必须是打开的。80是WWW常用的端口，21和20是FTP常用的端口，23是Telnet服务的端口等。

网际层：分配地址、打包、路由数据。如IP协议是一个不可靠的无连接协议，它提供将一个数据报从一台计算机或设备传送到另外一台计算机或设备的方法以及网络寻址的方法。

网络接口层：数据帧的发送和接收。

注意：计算机网络协议有多种，TCP/IP协议只是网络协议中的一种。其他通信协议如表3.1所示。

表 3.1　其他通信协议

访问目标	采用协议	说　明
Web 服务器	Http://	Http 叫超文本传输协议，访问一个 3W 页面时，需要采用此协议
FTP 服务器	Ftp://	利用文件传输服务器传输文件的协议
Telnet 服务器	Telnet://	基于文本界面以仿终端的形式访问远程计算机资源服务器
POP3 服务器	电子邮局协议	接收邮件服务器
SMTP 服务器	简单邮件传输协议	发送邮件服务器

3.2.5　IP 地址和域名

IP 地址

每个IP地址占用32个二进制位，即4个字节，书写时将其4个字节分别书写为十进制数，各数之间用圆点隔开，每个数字不超过255。如：168.160.224.36。

域名

在Internet网上计算机的名称就叫作域名（网上不允许有相同的域名）。每个域名由若干个子域名组成，用点分开，子域名至多63个字符，整个域名至多256个字符，域名的结构是分层次的，域名中较右边的子域名代表较高的层，即域名中最后一个子域名叫作最高域名或一级域名。如图3.7所示的域名。平时所说的网址也被称为域名地址，IP地址、域名地址与网址具有相同的意义。

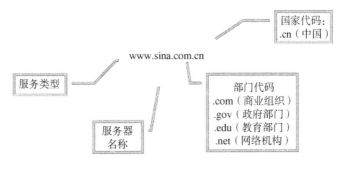

图 3.7　域名

3.3　Internet 概述

3.3.1　Internet 的起源和发展

Internet 是目前世界上最大、用户最多并且覆盖全世界的互联网,它连接着全球成千上万的计算机。Internet 始于 20 世纪 60 年代,之后用户数呈指数增长,目前已拥有数亿用户,应用范围从政府机关、工商企业、教育科研、文化娱乐到个人,影响极为广泛。一旦与 Internet 连接,就可以访问其中数以万计的信息,如新闻报道、天气情况、经济信息、软件游戏等。现在,上至政府机关、商业机构和高等学府,下至普通用户,越来越多的人已离不开 Internet。

Internet 的原型是 1969 年美国国防部高级研究计划署为军事实验用而建立的网络,名为 ARPAnet(阿帕网)。20 世纪 80 年代初期,ARPA 和美国国防部通信局研制成功用于异构网络的 TCP/IP 协议投入使用;1986 年,在美国国会科学基金会的支持下,用高速通信线路把分布在各地的一些超级计算机连接起来,以 NSFnet 接替 ARPAnet,进而又经过十几年的发展形成 Internet。Internet 应用范围也由最早的军事、国防,扩展到美国国内的学术机构,进而迅速覆盖了全球的各个领域,运营性质也由科研、教育为主逐渐转向商业化。

3.3.2　我国 Internet 的发展

◆第一阶段为 1987～1993 年,也是研究试验阶段。

◆第二阶段为 1994～1996 年,同样是起步阶段。Internet 开始进入公众生活,并在中国得到了迅速的发展。至 1996 年底,中国 Internet 用户数已达 20 万,利用 Internet 开展的业务与应用逐步增多。

◆第三阶段从 1997 年至今,是 Internet 在我国发展最为快速的阶段。

3.3.3　Internet 地址

IP 地址是一个 32 位的二进制数。为了便于阅读,把 IP 地址分成 4 组,每 8 位为一

组,组与组之间用圆点进行分隔,每组用一个 0～255 范围内的十进制数表示,这种格式称为点分十进制。如:

$$\underset{203}{\underline{11001011}}\ \underset{74}{\underline{01001010}}\ \underset{205}{\underline{11001101}}\ \underset{111}{\underline{01101111}}$$

IP 地址的结构:

◆网络号(netid):识别目的站所在网络;

◆主机号(hostid):识别目的站在该网络上的主机。

如何通过 IP 地址进行寻址:

◆先根据 IP 地址中的网络号找到目的站所在的网络;

◆再根据 IP 地址中的主机号找到目的站主机。

常用的 IP 地址有三类:A、B、C,如图 3.8 所示。

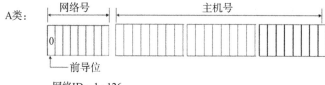

A类:

网络ID: 1.~126.

第一字段:$\underline{00000001} \sim \underline{01111110}$

最大网络数:$2^7-2=126$

最大主机数:$2^{24}-2=16777214$

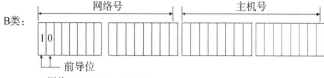

B类:

网络ID:128.0.~191.255.

第一字段:$\underline{10000000} \sim \underline{10111111}$

最大网络数:$2^{14}=16384$

最大主机数:$2^{16}-2=65534$

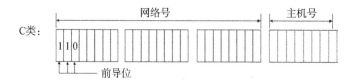

C类:

网络ID:192.0.0~223.255.255

第一字段:$\underline{11000000} \sim \underline{11011111}$

最大网络数:$2^{21}=2097152$

最大主机数:$2^8-2=254$

图 3.8　三类 IP 地址

3.4　常用的诊断命令及用法

在局域网日常管理和维护过程中,我们往往会使用一些网络 DOS 命令来辅助检测网络状态,从而实现排障的目的。网络故障诊断命令很多,下面我们只介绍几种比较常见且非常实用的命令。

3.4.1　Ping 命令

Ping 命令在检查网络故障中使用广泛,它通过向计算机发送 ICMP 回应报文并且监听回应报文的返回,以校验与远程计算机或本地计算机的连接,主要是用来检查网络连接是否畅通。它的使用格式是在命令提示符下键入"Ping IP 地址或主机名",执行结果显示响应时间,重复执行这个命令,可以发现 Ping 报告的响应时间是不同的,这主要取决于网络的适时的繁忙程度。

Ping 命令的主要参数及功能描述如下:

—t:校验与指定计算机的连接,直到用户中断。

—a:将地址解析为计算机名。

—n count:发送由 count 指定数量的 ECHO 报文,默认值为 4。

—l length:发送包含由 length 指定数据长度的 ECHO 报文。默认值为 64 字节,最大值为 8192 字节。

—f:在包中发送"不分段"标志,该包将不被路由上的网关分段。

—i ttl:将"生存时间"字段设置为 ttl 指定的数值。

3.4.2　ipconfig 命令

ipconfig 命令采用 Windows 窗口的形式来显示 IP 协议的配置信息,如果 ipconfig 命令后面不跟任何参数直接运行,程序将会在窗口中显示网络适配器的物理地址、主机的 IP 地址、子网掩码以及默认网关等,还可以列出查看主机的相关信息,如主机名、DNS 服务器、节点类型等。其中网络适配器的物理地址在检测网络错误时非常有用。同样在命令提示符下键入"ipconfig /?",可获得 ipconfig 的使用帮助,键入"ipconfig all",可获得 IP 配置的所有属性。

ipconfig 命令主要参数及功能描述如下:

—all:显示系统的所有网络信息,包括主机名、节点类型、适配器名、MAC 地址、DHCP 租赁信息等。

—displaydns:显示 DNS 解析器缓存中的内容。

—flushdns:清除 DNS 解析器缓存中的内容。

—registerdns:刷新机器上所有的 DHCP 租赁,然后由 DNS 服务器重新注册。

—release [adapter name]:在使用这个参数标识一个适配器名或者部分匹配的名字时,ipconfig 发布指定适配器的地址,如果不指定适配器,那么 ipconfig 就会发布所有 IP 地址。

—renew［adapter name］:在使用这个参数标识一个适配器名或者部分匹配的名字时,ipconfig 更新所有指定适配器的地址,如果不指定适配器,那么 ipconfig 就会更新所有 IP 地址。

—setclassid［connection name］［DHCP server class］:强迫客户端机器从一个不同的类中获得它的 DHCP 信息。

—showclassid［connection name］:如果 DHCP 服务器已经提供了一个 DHCP 类,那么这个命令将显示那个类的细节。

3.4.3　netstat 命令

netstat 命令可以帮助了解网络的整体运行情况,用于显示与 IP、TCP、UDP 和 ICMP 协议相关的统计数据,用于检验本机各端口的网络连接情况。例如它可以显示当前的网络连接、路由表和网络接口信息,可以让管理员得知目前总共有哪些网络连接正在运行等。netstat 命令本身带有多种参数,可以使用 netstat/? 命令来查看该命令的使用格式以及详细的参数说明。

netstat 命令的主要参数及功能描述如下:

—a:显示所有连接和侦听端口。

—e:显示以太网统计信息。

—n:在数字表里显示地址和端口号。

—p proto:显示通过 proto 参数指定的协议的连接,proto 参数可以是 TCP、UDP 或 IP 协议。

—r:显示路由表信息。

—s:显示指定协议统计信息。

3.4.4　arp(地址转换协议)命令

arp 实际上是一个 TCP/IP 协议,主要用于确定对应 IP 地址的网卡物理地址。使用 arp 命令,能够查看到本地计算机或另一台计算机的 ARP 高速缓存中的内容。按照缺省设置,ARP 高速缓存中的项目是动态的,每当发送一个指定地点的数据报且高速缓存中不存在当前项目时,ARP 便会自动添加该项目。一旦高速缓存的项目被输入,它们就已经开始走向失效状态。例如,在 Windows NT/2000 网络中,如果输入项目后不进一步使用,物理 IP 地址对就会在 2 至 10 分钟内失效。因此,如果 ARP 高速缓存中项目很少或根本没有时,请不要奇怪,通过另一台计算机或路由器的 Ping 命令即可添加。

arp 命令的主要参数及功能描述如下:

—a:用于查看高速缓存中的所有项目。—a 和 —g 参数的结果是一样的,多年来 —g 一直是 Unix 平台上用来显示 ARP 高速缓存中所有项目的选项,而 Windows 用的是 arp —a(—a 可被视为 all,即全部的意思),但它也可以接受比较传统的 —g 选项。

—a IP:如果系统有多个网卡,那么使用 arp —a 加上接口的 IP 地址,就可以只显示与该接口相关的 ARP 缓存项目。

—d IP:使用本参数能够手工删除一个静态项目。

3.4.5 Tracert 命令

Tracert 命令用于检查网络路径连通性问题,主要用来显示数据包到达目的主机所经过的路径,并记录显示数据包经过的中继节点清单和到达时间。Tracert 命令显示用于将数据包从计算机传递到目标位置的一组 IP 路由器,以及每个跳跃点所需的时间。如果数据包不能传递到目标,Tracert 命令将显示成功转发数据包的最后一个路由器。

Tracert 命令的主要参数及功能描述如下:

－d:该参数将返回到达 IP 地址所经过的路由器列表。通过使用 －d 参数,可以更快地显示路由器路径,因为 Tracert 不会尝试解析路径中路由器的名称。

－h maximum_hops:指定搜索到目标地址的最大跳跃数。

－j host_list:按照主机列表中的地址释放源路由。

－w timeout:指定超时时间间隔,程序默认的时间单位是毫秒。

3.4.6 NBTStat 命令

NBTStat 命令主要用于释放和刷新 NetBIOS 名称。NBTStat(TCP/IP 上的 NetBIOS 统计数据)实用命令程序可以提供关于 NetBIOS 的详细统计数据。例如在命令提示符下,键入:NBTStat CRR 释放和刷新过程的进度以命令行输出的形式显示。该信息表明当前注册在该计算机的 WINS 中的所有本地 NetBIOS 名称是否已经使用 WINS 服务器释放和续订了注册。

NBTStat 命令的主要参数及功能描述如下:

－a:这个参数也可以得到远程主机的 NetBIOS 信息,但需要知道远程主机 IP 地址。

－n:列出本地机器的 NetBIOS 信息。

在网络管理维护中可以用的命令很多,上面只是介绍几种比较常见的,其他的一些命令的使用大家可以参考微软相关帮助手册。

3.5 总 结

(1)计算机网络的组成基本上包括计算机、网络操作系统、传输介质、应用软件。

(2)计算机网络的功能目的是实现计算机之间的资源共享、网络通信和对计算机的集中管理。

(3)一个完整的计算机网络系统是由网络硬件和网络软件所组成的。

(4)局域网常用的拓扑结构有:总线型结构、星型结构、环型结构、网状型结构。

(5)在因特网上计算机必须遵循 TCP/IP 协议。

(6)TCP/IP 协议分为四个层,分别为应用层、传输层、网际层、网络接口层。

(7)80 是 WWW 常用的端口,21 和 20 是 FTP 常用的端口,23 是 Telnet 服务的端口等。

(8)Internet 是目前世界上最大、用户最多并且覆盖全世界的互联网。

(9)常用网络诊断命令有 Ping、ipconfig、netstat、arp 等。

3.6 作 业

(1)在计算机网络中,所有的计算机均连接到一条公共的通信传输线上,这种连接结构被称为( )。

A. 总线型结构   B. 环型结构

C. 星型结构   D. 网状型结构

(2)计算机网络的发展经历了由简单到复杂的过程,其中最早出现的计算机网络是( )。

A. Internet   B. Ethernet

C. ARPAnet   D. PSDN

(3)网络传输介质就是通信线路,从传输速率、传输距离及安全可靠性的角度考虑,应选择( )。

A. 双绞线   B. 同轴电缆

C. 光纤   D. 三种介质等同

(4)因特网是全球最大的互联网,它的正确表示形式是( )。

A. Intranet   B. Internet

C. internet   D. intranet

(5)互联网的含义是( )互连。

A. 计算机与计算机   B. 计算机与计算机网络

C. 计算机网络与计算机网络   D. 国内计算机与国际计算机

(6)在 Internet 主机域名结构中,代表商业组织结构的子域名是( )。

A. com   B. gov

C. org   D. edu

(7)用来浏览 Internet 网上 WWW 页面的软件称为( )。

A. 服务器   B. 转换器

C. 浏览器   D. 编辑器

(8)下列电子邮件地址书写正确的是( )。

A. 263. net@DXG

B. DXG@263. Net

C. DXG263. net

D. 263. net. DXG

上 机 部 分

上机 1 信息编码与数据表示

练习 1 使用计算机进行进制转换

把下面的十进制分别转换为二进制、八进制、十六进制。

要求：先在纸上演算，然后使用计算机验证。

十进制：20　　　　　二进制：　　　　　八进制：　　　　　十六进制：

十进制：101　　　　二进制：　　　　　八进制：　　　　　十六进制：

十进制：254　　　　二进制：　　　　　八进制：　　　　　十六进制：

十进制：1250　　　二进制：　　　　　八进制：　　　　　十六进制：

十进制：2050　　　二进制：　　　　　八进制：　　　　　十六进制：

十进制：65534　　二进制：　　　　　八进制：　　　　　十六进制：

十进制：256　　　　二进制：　　　　　八进制：　　　　　十六进制：

把下面的二进制分别转换为十进制、八进制、十六进制

二进制：1010　　　　十进制：　　　　　八进制：　　　　　十六进制：

二进制：1001　　　　十进制：　　　　　八进制：　　　　　十六进制：

二进制：110110　　　十进制：　　　　　八进制：　　　　　十六进制：

二进制：01100110　　十进制：　　　　　八进制：　　　　　十六进制：

二进制：10101010　　十进制：　　　　　八进制：　　　　　十六进制：

二进制：111111111　十进制：　　　　　八进制：　　　　　十六进制：

上机 2　计算机软件编程及 DOS 命令

练习 1　练习 DOS 上的对目录操作的命令

1. 练习目的

掌握在 DOS 操作环境中对目录的操作命令。

2. 练习内容

（1）分别用 DIR、DIR /W、DIR /P 命令查看 C 盘根目录下的文件名与目录名。

（2）依次键入下列命令，观察屏幕显示格式：

DIR　C:*.*

DIR　C:*.BAT

DIR　C:*.COM

DIR　C:\DOS\F*.*

DIR　C:\WINDOWS\W??.*

DIR　C:*.

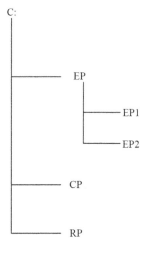

（3）①在 C 盘上建立如右图所示的目录结构；

②键入 DIR C:\命令，观察屏幕显示；

③键入 DIR C:\EP 命令，观察\EP 子目录。

（4）①删除以上二级 EP1 和 EP2 子目录，并用 DIR 命令观察 EP 子目录；

②删除以上一级 EP、CP 和 RP 子目录，并用 DIR 命令观察根目录。

（5）①重复第（2）题；

②在 CP 子目录下建立 CP1 子目录，再在 CP1 子目录下建立 CP12 子目录；

③观察各个目录下的情况；

④逐个删除以上各子目录。

（6）在 C 盘根目录下建立 TP、TT、PC 子目录，再在 PC 子目录下建立 PC1 和 PC2 子目录。

（7）①用 CD 命令查看当前目录；

②改变当前目录为 TT 子目录；

③改变当前目录为 PC 子目录，再改变为 PC1 子目录；

④从 PC1 子目录返回根目录。

练习2　练习对文件操作命令

1. 练习目的
对掌握在 DOS 操作环境中对文件的操作命令。

2. 练习内容
（1）①把 C 盘 WINDOWS\system32\子目录下的 ∗.inf 文件复制到 C 盘的 PC1 子目录中；

②把 C 盘 WINDOWS\子目录下的 ∗.ini 文件复制到 C 盘的 PC2 子目录中；

③观察 PC1 子目录和 PC2 子目录中的内容；

④把 C 盘 PC1 子目录中的 ∗.inf 文件复制到 PC2 子目录中，并查看结果；

⑤把 PC2 子目录中 ∗.ini 文件复制到 TP 子目录中。

（2）①把上题中 PC1 子目录中的文件 acpi.inf 以新的文件名 acp.inf 复制到 C 盘 TT 子目录中；

②复制 C 盘 WINDOWS 目录下 ∗.EXE 文件到 C 盘 TP 子目录下；

③查看各子目录情况。

（3）①删除以上 PC1 和 PC2 子目录下的文件；

②删除 PC1 和 PC2 子目录；

③删除 C 盘 TP 子目录下的 F∗.EXE 文件。

（4）打开记事本程序，将以上的各个步骤所使用的命令输入到记事本中，并将记事本文件命名为"学员姓名－辅导课 1.txt"，保存到 E:\PUBLIC 目录下。

上机 3　计算机网络基础

练习 1

（1）利用 ipconfig/all 命令,查询与本机 IP 地址相关的全部信息。

（2）网络连通测试。先查看本机的 IP 地址,然后再 Ping 本机的 IP 地址。

附 录 部 分

附录 1　计算机概述

1.1　计算机基础

本章主要介绍计算机基础知识,内容包括计算机的发展史、计算机的特点和类型、计算机的应用领域及计算机的发展趋势。

1.1.1　计算机的发展史

1946 年 2 月,在美国宾西法尼亚大学诞生了世界上第一台计算机,其全称为电子数值积分计算机(Electronic Numerical Integrator and Calculator,ENIAC),其外观如图附录 1.1 所示。它采用电子管作为计算机的基本元件,共使用了 1.8 万只电子管,占地面积 170 m²,重达 30 t,耗电 140～150 kW,每秒可进行 5000 次加减运算。ENIAC 的问世具有划时代的意义,它开辟了计算机科学技术新纪元。

图附录 1.1　ENIAC

在以后的几十多年里,电子计算机经历了几次重大的技术革命,得到了突飞猛进的发展,按照其所采用的电子元件来划分,计算机大致可以分为以下 4 个阶段。

1. 第一代(1946～1958):电子管数字计算机

这一时期的计算机逻辑元件采用电子管,如图附录 1.2 所示。主存储器采用汞延迟线、磁鼓,辅助存储器采用磁带。软件主要采用机器语言、汇编语言,应用以科学计算为主。其特点是体积大、耗电大、可靠性差、价格昂贵。

2. 第二代(1958～1964):晶体管数字计算机

这一时期的计算机逻辑元件采用晶体管,如图附录 1.3 所示。逻辑元件采用晶体管之后,计算机的体积大大缩小,耗电减小,可靠性提高,性能比第一代计算机有很大的提高。这一时期的计算机主存储器采用磁芯,辅助存储器已开始使用磁盘;在软件方面出现了高级语言及其编译程序,还出现了以批处理为主的操作系统,而且应用开始扩大,除科学计算外,开始用于工业控制。

图附录 1.2　电子管

图附录 1.3　晶体管

3. 第三代(1964～1971):集成电路数字计算机

这一时期的计算机逻辑元件采用中小规模集成电路,如图附录 1.4 所示。这时,计算机的体积更加小型化、耗电量更少、可靠性更高,性能又有了很大的提高,其应用领域日益扩大,小型机也蓬勃发展起来。

4. 第四代(1971 年以后):大规模集成电路数字计算机

这一时期的计算机逻辑元件采用大规模集成电路(LSI),如图附录 1.5 所示。所谓大规模集成电路是指在单片硅片上集成 1000～2000 个以上晶体管的集成电路,其集成度比中小规模的集成电路又提高了 1～2 个数量级,因此体积更小、耗电量更低、性能更强。同时计算机除了向用于科学计算的巨型机方向发展外,还朝着超小型和微型方向飞速前进,计算机也因此进入千家万户,与人们的生活息息相关。

图附录 1.4　中小规模集成电路

图附录 1.5　大规模集成电路

1.1.2 计算机的特点及类型

1. 计算机的特点

计算机的主要特点表现在以下几个方面。

（1）运算速度快。运算速度是计算机的一个重要性能指标。计算机的运算速度通常用每秒钟执行定点加法的次数或平均每秒钟执行指令的条数来衡量。运算速度快是计算机的一个突出特点。计算机的运算速度已由早期的每秒几千次发展到现在的最高可达每秒万亿次乃至千万亿次。这样的运算速度是其他任何计算工具所无法比拟的。正是有了这样的计算速度，才使得一些过去不可能完成的计算任务得到了解决，比如天气预报中的数据处理等。

（2）计算精度高。在科学研究和工程设计中，对计算的结果在精度上往往有很高的要求。一般的计算工具只能达到几位有效数字，而计算机对数据的结果精度可达到十几位、几十位有效数字，甚至可根据需要采用一定软件技术实现任意精度。

（3）存储容量大。计算机的存储器可以存储大量数据，这使计算机具有了“记忆”功能。目前计算机的存储容量越来越大，记忆的信息也越来越多。计算机具有“记忆”功能，是与传统计算工具的一个重要区别。

（4）具有逻辑判断功能。计算机的运算器除了能够完成基本的算术运算外，还具有进行比较、判断等逻辑运算功能。这种能力是计算机智能化的必备条件。

2. 计算机的分类

计算机按用途划分可以分为专用计算机和通用计算机。一般来说，专用计算机是为了某种特定目的而设计的计算机，如用于数控机床、轧钢控制、银行存款等具体应用的计算机。专用计算机具有针对性强、效率高、经济等优点，其缺点是功能单一，使用范围窄。通用计算机是用于解决各类问题而设计的计算机，其功能齐全，适用范围广，但牺牲了效率和经济性。通常，一般意义上的计算机都是指通用计算机。

通用计算机按其规模、速度和功能等又可以分为巨型机、大/中型机、微型机。这些类型之间的基本区别通常在于体积大小、结构复杂程度、性能指标等的不同。

1.1.3 计算机的应用领域

目前，计算机与人们的生活息息相关，几乎渗透到人类生产和生活的各个领域，对工业和农业都有极其重要的影响。计算机的应用范围大体可以归纳为以下几个方面。

1. 科学计算

科学计算亦称数值计算，这是计算机最早的应用领域，也是计算机最重要的应用之一。这些问题广泛出现在导弹试验、卫星发射、灾情预测等领域，其特点是数据量大、计算工作复杂。这些问题用传统的计算工具几乎是不可能完成的，而且计算精度不能保证。但是这些问题如果用计算机解决，则只需要几天、几小时甚至几分钟就可以得到精确的结果。计算机是发展现代尖端科学技术必不可少的重要工具。

2. 数据处理

数据处理是计算机的一个重要应用。数据处理又称信息处理，它是信息的搜集、分类、整理、加工、存储等一系列活动的总称。其特点是要处理的原始数据量大，而运算比较简单，涉及大量的逻辑与判断运算，如用于人口统计、办公自动化、企业管理、邮政业务、机票订购、情报检索、图书管理等方面。

3. 实时控制

实时控制又称过程控制，是用计算机实时采集数据，按最佳值迅速对控制对象进行自动控制或采用自动调节。利用计算机进行过程控制，不仅大大提高了控制的自动化水平，而且大大提高了控制的及时性和准确性。例如，在电力、机械制造、化工、冶金、交通等部门采用过程控制，可以提高劳动生产效率、产品质量、自动化水平和控制精确度，减少生产成本，减轻劳动强度。在军事上，可使用计算机实时控制导弹，根据目标的移动情况修正飞行姿势，以准确击中目标。

4. 计算机辅助系统

计算机用于辅助设计、辅助制造、辅助测试、辅助教学等方面，统称为计算机辅助系统。计算机辅助设计（CAD）是指利用计算机来帮助设计人员进行工程设计，以提高设计工作的自动化程度，节省人力和物力。目前，计算机辅助设计在电子电路设计、机械设计、土木建筑设计及服装设计中得到了广泛的应用。计算机辅助制造（CAM）是指利用计算机进行生产设备的管理、控制与操作，从而提高产品质量、降低生产成本和缩短生产周期，并且还大大改善了制造人员的工作条件。

5. 人工智能

人工智能（Artificial Intelligence，AI）是用计算机模拟人类的智能活动，如判断、理解、学习、图像识别、问题求解等。人工智能是在计算机和控制科学上发展起来的一个学科方向，是计算机应用的一个重要领域，近年来得到了很大的发展。机器人就是人工智能技术的一个重要应用。目前，世界上有许多机器人工作在各种恶劣环境，如高温、高辐射、剧毒等环境。

6. 计算机网络

把计算机的超级处理能力与通信技术结合起来就形成了计算机网络。当前，计算机网络已进入到千家万户，给人们的生活带来了极大的方便，如人们所熟知的银行账户、电子邮件、电子商务、远程教育、网络游戏等都是计算机网络的应用，而且每天都有大量新的网络应用产生。可以说计算机最广泛的应用就是计算机网络。

1.1.4　计算机的发展趋势

未来的计算机将以超大规模集成电路为基础，向巨型化、微型化、网络化与智能化的方向发展。

1. 巨型化

巨型化是指计算机的运算速度更高、存储容量更大、功能更强。目前，正在研制的巨型计算机其运算速度可达每秒千万亿次以上。

2. 微型化

微型化是指计算机向体积更小巧、质量更可靠、性能更优良、价格更低廉的方向发展。目前，微型计算机已进入仪器、仪表、家用电器等小型仪器设备中，使仪器设备实现"智能化"。随着微电子技术的进一步发展,笔记本型、掌上型等微型计算机必将以更优的性价比受到人们的欢迎。

3. 网络化

计算机网络化是指将分布在不同地理位置的独立计算机通过网络连接起来,使它们之间可以相互通信并共享资源。网络化将进一步扩大计算机的使用范围,这也是目前发展最为迅速的一个方面。

4. 智能化

智能化就是要求计算机能模拟人的感知和思维能力。新一代计算机可以模拟人的感觉行为和思维过程机理,进行"看""听""说""想""做",具有逻辑推理、学习与证明的能力。比如运算速度约为每秒十亿次的"深蓝"计算机在 1997 年战胜了国际象棋世界冠军卡斯帕罗夫。智能化将是计算机发展的一个重要方向。目前,在计算机智能化方面最有代表性的领域是专家系统和机器人。已研制出的机器人可以代替人从事危险环境的劳动。

1.2 计算机系统组成、实现及工作过程

本节首先介绍了冯诺依曼计算机组成结构,然后从硬件系统和软件系统两个方面介绍计算机系统的实现,最后介绍计算机系统的基本工作过程,即程序的执行过程和指令的执行过程。

1.2.1 计算机系统组成

1945 年 6 月,美籍匈牙利数学家冯·诺依曼(Von Neumann)等人提出了"存储程序控制"的计算机系统组成结构,即冯·诺依曼结构,这在计算机发展史中是一个里程碑的事件,其奠定了现代计算机的基础。此后的计算机系统组成结构虽经不断发展,但总体上都采用了冯·诺依曼结构。冯·诺依曼结构概括起来主要有以下特点:

◆指令和数据均采用二进制来表示。

◆计算机由运算器、控制器、存储器、输入设备和输出设备 5 大功能部件组成。

◆编号的程序和原始数据事先存入存储器中,然后再执行。

最早的冯·诺依曼结构以运算器为核心,这种结构存在一些固有的缺陷,此后经多次改进,现代计算机采用以存储器为核心的组成结构,如图附录 1.6 所示。

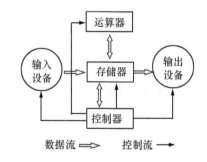

图附录 1.6 以存储器为核心的组成结构

图附录 1.6 所示为 5 大功能部件之间的连接关系,还显示了计算机中数据和控制信息的流动,反映了计算机的基本工作原理。简单来说,就是程序、数据从输入设备输入到存储器中,再通过运算器进行运算处理后会送到存储器中,最后数据经输出设备输出。需要强调的是,这一系列的动作都是在控制器的控制下自动进行的。

1. 运算器

运算器是对数据进行处理和运算的部件。运算器的主要部件是算术逻辑单元(Arithmetic Logic Unit,ALU),另外还包括一些寄存器。它的基本操作是进行算术运算和逻辑运算。算术运算是按算术规则进行的运算,如加、减、乘、除等;逻辑运算一般指非算术性质的运算,如比较大小、移位、逻辑"与""或""非"等。在计算机中,一些复杂的运算往往是通过大量简单的算术运算和逻辑运算来完成的。图附录 1.7 所示为一个简单的运算器的示意图。

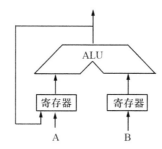

图附录 1.7　一个简单的运算器

2. 存储器

存储器是用来存储程序和数据的部件,它存储的内容是当前要执行的程序、数据以及中间结果和最终结果。存储器的结构如图附录 1.8 所示,存储器由许多存储单元组成,每个存储单元都有自己的地址(存储地址),根据地址就可找到所需的数据和程序(存储内容)。

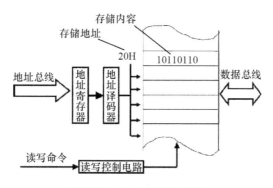

图附录 1.8　存储器的结构

3. 控制器

控制器是计算机的指挥中心,其主要功能是指挥计算机各部件协调工作。控制器一般由程序计数器(Program Counter,PC)、指令寄存器(Instruction Register,IR)、指令译码器(Instruction Decoder,ID)和操作控制器组成。程序计数器(PC)用来存放当前要执行的指令地址,它有自动加 1 的功能。指令寄存器(IR)用来存放当前要执行的指令代码。指令译码器(ID)用来识别 IR 中所存放的将要执行指令的性质。操作控制器根据指令译码器对将要执行的译码结果,产生出实现该指令的全部动作的控制信号。

4. 输入设备

输入设备是将用户的程序、数据和命令输入到计算机内存储器(内存)的设备,常见的输入设备有鼠标、键盘、扫描仪等。

5. 输出设备

输出设备是显示、打印或保存计算机运算和处理结果的设备。常见的输出设备有显示器、打印机等。

通常把运算器和控制器合称为中央处理单元(Central Processing Unit,CPU),它是计算机的核心部件。将 CPU 和内存合称为"主机",把输入设备和输出设备及其他辅助设备合称为外部设备(外设)。

1.2.2 计算机系统的实现

一个完整的计算机系统由硬件系统和软件系统组成。下面以微型计算机系统为例,介绍计算机的硬件系统和软件系统。

1. 计算机硬件系统

微型计算机硬件系统中常见的部件有 CPU、内存储器、外存储器、输入/输出设备、主板等,下面分别对这些部件进行介绍。

(1)CPU(Central Processing Unit,CPU)是计算机硬件中最核心的部件,如果把计算机比作一个人,那么 CPU 就是人体的心脏,计算机的每一个操作几乎都是在 CPU 的指挥下,并且是由 CPU 执行完成的。通常把用在微型计算机中的 CPU 称为微处理器。图附录 1.9 所示为微处理器实物图。

(2)内存储器简称为内存,也称为主存,是计算机中重要的部件之一,其作用是暂时存放 CPU 中正在运行的程序或数据。内存是 CPU 能直接访问的存储空间,计算机中所有程序的运

图附录 1.9 微处理器

行都是在内存中进行的,它是与 CPU 进行沟通的桥梁。图附录 1.10 所示的就是内存。目前,微型计算机的内存一般是采用大规模集成电路工艺制成的半导体存储器,这类存储

图附录 1.10 内存储器

器具有密度大、体积小、质量小、存取速度快等优点。微型计算机内存一般又可分为两类：随机存储器（Random Access Memory，RAM）和只读存储器（Read Only Memory，ROM）。

（3）外存储器是和内存储器相对应的一个概念，外存储器是用来存储暂时不被使用的静态程序或数据信息的，当这些数据信息需要被使用时，必须先从外存储器传输到内存储器才能被处理器处理。常见的外存储器有软盘、硬盘、U 盘、移动硬盘等。

（4）输入设备是将用户的程序、数据和命令输入到计算机内存储器的设备，常见的输入设备有鼠标、键盘、扫描仪等。扫描仪是一种捕获影像的装置，可将影像转换为计算机可以显示、编辑、存储和输出的数字格式。扫描仪的应用范围很广，如将美术图形和照片扫描到文件中；将印刷文字扫描输入到文字处理软件中，避免再重新打字；将传真文件扫描输入到数据库软件或文字处理软件中存储等。

图附录 1.11　扫描仪

（5）输出设备是计算机硬件系统的终端设备，用于接收计算机数据的输出，也是把各种计算结果数据或信息以数字、字符、图像、声音等形式表现出来。常见的输出设备有显示器、打印机、绘图仪、语音输出系统、磁记录设备等。

（6）如果把上面介绍的各个硬件部件比作人体的各个功能器官，那么主板就是人的身躯。主板为微型计算机其他功能部件提供插槽、接口以及电路连接，正是通过这些插槽、接口以及电路连接将微型计算机的各硬件部件连接起来，形成完整的硬件系统。

主板（Main Board）由多层印制电路板和焊接在其上的 CPU 插槽、内存插槽、扩展插槽、外设接口（包括键盘接口、鼠标接口、串行口、并行口等）、CMOS 和 BIOS 控制芯片构成，如图附录 1.12 所示。

扩展插槽有 PCI 插槽和 AGP 插槽，主要是便于用户插入各种适配卡，如声卡、视频卡、传真卡和采集卡。扩展插槽除了保证计算机的基本功能外，主要用来扩充计算机功能和升级计算机。

外设接口是计算机输入、输出的重要通道,它的性能好坏直接影响到计算机的性能。外设接口一般位于主机箱的后部,主要的接口有串行口、并行口、键盘接口、鼠标接口、显示器接口、USB接口等。

图附录 1.12　主板

从本质而言,计算机主板和普通家用电器,如电视机等的主板(线路板)是相同的,都是输入印制电路板(Printed Circuit Board,PCB),即将实现微型计算机硬件连接的电路印制在一块绝缘的材料板上,其中线路的连接是通过很薄的铜箔实现的,主板上的线条就是这样的铜箔。和普通家用电器相比,微型计算机的主板线路要复杂得多,为了解决在面积有限的主板上放置大量的铜箔线等问题,微型计算机主板通常做成多层的,常见的主板有4层、6层和8层的。

2. 计算机软件系统

(1)计算机软件系统概述。如果把计算机硬件系统比作人的整个躯体,那么计算机软件系统就是人的思想、智力。没有思想、没有智力的人几乎什么任务都不能完成,同样,没有软件系统的计算机也几乎不能被人们使用。

计算机软件(Computer Software)是指计算机系统中的程序、相关文档以及所需要的数据的总称。软件是用户与硬件之间的接口界面,用户主要通过软件与计算机进行交流。通常,计算机软件可分为系统软件和应用软件两大类。

(2)软件相关重要概念。

◆指令:计算机执行某种操作的命令。

◆指令系统:计算机能识别并能执行的全部指令的集合。指令系统决定了一台计算机的基本功能。

◆程序:为解决某一问题而设计的一系列有序的指令或语句的集合。

◆计算机语言:中国人同英国人交流,需要把自己的意图用英国人的语言(英语)表述出来。人与计算机"交流"(让计算机完成某项工作),也需要将人的意图用计算机所能理解的语言表述出来。计算机所能理解和使用的语言就是计算机语言。

(3)计算机语言是为了解决人和计算机对话问题而产生的,并且随着计算机技术的发展,不断地发展和完善。以下介绍计算机语言的几个发展阶段。

第一阶段:机器语言。即二进制语言,这是直接用二进制代码指令表示的计算机语言,是计算机唯一能直接识别、直接执行的计算机语言。

例如,某种型号的微型计算机系统中表示"在累加器中存放数值 15,然后再加上数值 10,并将结果保存在累加器中"的代码为:

10110000　　00001111

00101100　　00001010

从此例可以看出,机器语言对于人们而言难以理解、难以记忆并且书写时容易出错。但对于计算机而言,其特点是占用内存少、执行的速度快、效率高。值得注意的是,不同型号的计算机其指令系统可能是不同的,因此在一台计算机上可执行的指令,在不同型号的另一台计算机上就可能不被识别。

第二阶段:汇编语言。由于用计算机语言编写程序时存在许多不足,为了克服这些缺点,就产生了汇编语言。汇编语言是用一些助记符表示指令功能的计算机语言,它和机器语言基本上是一一对应的,但它更便于记忆。例如,对于上面机器语言中用到的实例,用汇编语言可以表示为:

MOV　　A,15

ADD　　A,10

对人们来讲,汇编语言比机器语言容易理解、便于记忆、使用起来更方便。但对机器来讲,必须将汇编语言编写的程序翻译成机器语言程序,然后再执行。用汇编语言编写的程序一般称为汇编语言源程序,被翻译成的机器语言一般称为目标程序。将汇编语言源程序翻译成目标程序的软件称为汇编程序,具体翻译过程如图附录 1.13 所示。

图附录 1.13　汇编语言翻译过程

虽然汇编语言比机器语言使用起来方便许多,但是汇编语言是一种由机器语言符号化而成的语言,其指令和机器语言一一对应,因此汇编语言和机器语言一样都是面向机器的语言。

第三阶段:高级语言。为了克服机器语言和汇编语言依赖于机器、通用性差的弱点,从而产生了高级语言。高级语言是同自然语言和数学语言比较接近的计算机程序设计语言,其表达方式更接近人们对求解过程或问题的描述方式,而且与具体的计算机指令系统无关。例如,对于上述机器语言、汇编语言中的实例,用高级语言可表示为:

A = 15

A = A + 10

显然,高级语言更易于被人们理解。同样,高级语言必须先翻译成机器语言后,才可以被计算机所识别并执行。通常翻译的方式有两种,一种是编译方式,另一种是解释方式。

编译方式是将用高级语言编写的源程序整个翻译成目标程序,然后将目标程序交给计算机运行,编译过程由计算机执行编译程序自动完成。在编译方式中,将高级语言源程序翻译成目标程序的软件称为编译程序,这种编译过程称为编译。编译完成后得到的目标程序虽然已是二进制文件,但还不能直接执行,还需经过连接和定位生成可执行程序文件后,才能执行。用来进行连接和定位的软件称为连接程序。具体的编译过程如图附录1.14 所示。

图附录 1.14　高级语言编译过程

解释方式是对高级语言源程序逐句进行分析,边解释边执行并立即得到运行结果。解释过程由计算机执行解释程序自动完成,但不产生目标程序。在解释方式中,将高级语言源程序翻译和执行的软件称为解释程序。解释程序不是对整个源程序进行翻译,也不生成目标程序,而是解释一条执行一条。具体的解释过程如图附录 1.15 所示。

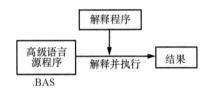

图附录 1.15　高级语言解释过程

1.2.3　计算机工作过程

硬件系统和软件系统都已经实现的计算机才称得上是一个完整的计算机系统,这样的计算机才可以被人们所使用,帮助人们解决实际问题。以下希望通过对程序和指令执行过程的介绍,使同学们能更深入地了解计算机是如何工作的。

1. 程序的执行过程

下面通过具体的实例来介绍计算机执行程序的基本过程。

实例一:开机启动过程(以 Windows 为例)。

当每次打开计算机电源启动计算机时,首先要执行的就是操作系统软件。由于计算机软件都是安装在硬盘上的,而 CPU 所能直接访问的存储空间只能是内存,因此,要执行操作系统软件,首先要将操作系统软件的程序和所需数据从硬盘读入到内存。然后 CPU 执行读入到内存中的程序,并将执行结果通过内存输出到输出设备(显示器)中,这个输出结果就是我们看到的 Windows 运行的界面。

实例二:Word 程序的运行过程。

在操作系统软件启动完毕后,就可以运行应用软件了,如打开 Word 文字处理软件。同样 Word 软件也是安装在硬盘上的,必须先将 Word 软件的程序和所需数据从硬盘读入到内存中,然后 CPU 再执行内存中的 Word 程序,并将执行结果通过内存输出到输出设备(显示器)中,这个输出结果就是我们看到的 Word 运行界面。当通过输入设备(鼠标、键盘)进行操作时,如输入字符,输入的信息将首先被读入内存中,然后CPU再处理这些信息,并将处理结果通过内存输出到显示器,其结果就是我们看到的字符。此时输入的内容还保存在内存中,由于内存数据具有易失性,当计算机突然断电或意外重启时,内存中的内容会丢失。因此需要通过单击"保存"按钮,将内存中的信息输出保存到硬盘上。

2. 指令的执行过程

程序是由一系列的指令组成的,程序的执行实质上就是执行组成程序的这一系列指令。下面将深入CPU的内部,更进一步介绍指令的具体执行过程。

计算机每执行一条指令都可分为3个阶段进行,即取指令、分析指令、执行指令,每个阶段的具体功能如下。

取指令:根据程序计数器中的值从程序存储器读出将要执行的指令,送到指令寄存器中。

分析指令:将指令寄存器中的指令操作码提取后由指令译码器进行译码,分析其指令性质。

执行指令:操作控制器根据译码结果,向各个部件发出控制信号,完成指定操作。

下面将结合CPU和内存的内部结构,简要介绍指令的执行过程。

如图附录1.16所示,虚线矩形框中为CPU的内部结构示图,可以看到CPU主要是由冯·诺依曼结构中的运算器和控制器部件组成的。图中下面的补码是内存的结构示意,CPU和内存通过数据总线和地址总线相联系。此时,程序计数器中存放的地址为20,即马上要执行的是存放于地址20中的指令CLA(清零指令)。在CLA指令执行的3个阶段中,CPU内部工作过程如下。

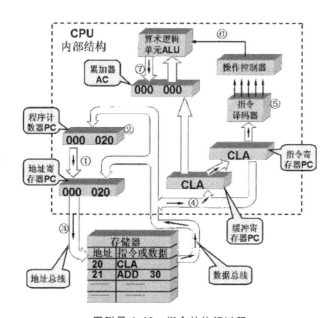

图附录 1.16　指令的执行过程

取指令阶段:

①程序计数器中的内容20被送到地址寄存器中;

②程序计数器中的内容加 1,变成 21,即指向下一条要执行的指令;

③地址寄存器中的值被送到地址总线上;

④CPU 根据地址总线上的值,找到存储单元,读取存储单元中的内容(CLA),并通过数据总线送到缓存寄存器中,并最终送往指令寄存器,此时缓冲寄存器和指令寄存器中的内容为 CLA。

分析指令阶段:

指令寄存器中的操作码被译码,CPU 识别出是指令 CLA。

执行指令阶段:

①操作控制器发送控制信号给算术逻辑单元(ALU);

②算术逻辑单元(ALU)响应该控制信号,将累加器(AC)的值清零。

附录 2　操作系统

2.1　操作系统简介

本章介绍 Windows 7 面向应用的常用功能和知识体系。知识要点包括 Windows 7 简介、Windows 7 基本操作、文件和文件夹管理、系统设置与网络管理等。

2.1.1　操作系统的功能

操作系统主要有四大功能：
◆处理器管理。
◆存储管理。
◆设备管理。
◆文件管理。

2.1.2　操作系统的分类

按提供的功能可以分为 4 类：
◆批处理操作系统。
◆实时操作系统。
◆分时操作系统。
◆网络操作系统。

2.1.3　常用的微型机操作系统

◆MS-DOS 操作系统。
◆Windows 操作系统。
◆Unix 操作系统。
◆Linux 操作系统。

2.2　Windows 7

2.2.1　Windows 7 概述

Windows 7 是由微软公司开发的,具有革命性变化的操作系统。该系统旨在让人们的日常电脑操作更加简单和快捷,为人们提供高效易行的工作环境。

Blackcomb 是微软对 Windows 未来的版本的代号,原本安排于 Windows XP 后推出,但是在 2001 年 8 月,"Blackcomb"突然宣布延后数年才推出,取而代之由 Windows Vista(代号"Longhorn")在 Windows XP 之后及 Blackcomb 之前推出。

为了避免把大众的注意力从 Vista 上转移,微软起初并没有透露太多有关下一代 Windows 的信息;另一方面,重组不久的 Windows 部门也面临着整顿,直到 2009 年 4 月 21 日发布预览版,微软才开始对这个新系统进行商业宣传,该新系统随之走进大众的视野。

2009 年 7 月 14 日,Windows 7 7600.16385 编译完成,这标志着 Windows 7 历时三年的开发正式完成。

2.2.2 Windows 7 安装系统要求

名称	基本要求	备注
CPU	2.0 GHz 及以上	Windows 7 包括 32 位及 64 位两种版本,如果您希望安装 64 位版本,则需要支持 64 位运算的 CPU 的支持
内存	1 GB DDR 及以上	最好还是 2 GB DDR2 以上(32 位操作系统只能识别大约 3.25 GB 的内存,但是通过破解补丁可以使 32 位系统识别并利用 4 GB 内存)
硬盘	40 GB 以上可用空间	
显卡	显卡支持 DirectX 9 WDDM1.1 或更高版本(显存大于 128 MB)	显卡支持 DirectX 9 就可以开启 Windows Aero 特效
其他设备	DVD R/RW 驱动器或者 U 盘等其他储存介质	安装用
	互联网连接/电话	需要在线激活,如果不激活,最多只能免费试用 30 天

2.2.3 32 位和 64 位 Windows 7

术语"32 位"和"64 位"是指计算机的处理器(也称为"CPU")处理信息的方式。64 位版本的 Windows 可处理大量的随机存取内存(RAM),其效率远远高于 32 位的系统。

如何知道您的计算机运行的是 32 位还是 64 位版本的 Windows?

要查看电脑中 Windows 7 或 Windows Vista 运行的是 32 位还是 64 位版本的 Windows,请执行以下操作:

①通过单击开始按钮 、右键单击"计算机"(Windows XP 是右键单击"我的电脑"),然后单击"属性",打开"系统"。

②在"系统"下,可以查看系统类型。

如果未看到列出"x64 版本",则表示您运行的是 32 位版本的 Windows XP。如果"系统"下方列出了"x64 版本",则表示您运行的是 64 位版本的 Windows XP。

要安装 64 位版本的 Windows 7,电脑的 CPU 需要能够运行 64 位版本的 Windows。当电脑上安装的内存（RAM）容量比较大(通常为 4 GB 的 RAM 或更多)时,使用 64 位操作系统的优势最为显著。在这种情况下,因为 64 位操作系统较 32 位操作系统而言能够更加高效地处理大容量的内存,所以当有多个程序同时运行且需要频繁切换时,64 位系统的响应速度更快。

那么能否在 32 位的电脑上运行 64 位的程序?

如果该程序是专为 64 位版本 Windows 设计的,则无法在 32 位版本的 Windows 上运行。但是,大多数适用于 32 位版本 Windows 的程序都可以在 64 位版本的 Windows 上运行。

如果要运行 64 位版本的 Windows,则设备是否需要 64 位驱动程序?

是。所有的硬件设备都需要 64 位驱动程序才能在 64 位版本的 Windows 上运行。专门用于 32 位版本的 Windows 驱动程序无法在运行 64 位版本 Windows 的计算机上运行。

如果电脑运行的是 64 位版本的 Windows,则需要 64 位驱动程序,才可将每个硬件安装或连接到电脑。例如,如果尝试安装的打印机仅提供 32 位驱动程序,则在 64 位版本的 Windows 中无法安装该打印机。但幸运的是,目前市场上已有数万种设备附带 64 位驱动程序,Windows 可以自动找到并安装该程序。

硬件制造商若要获得"与 Windows 7 兼容"的徽标,其硬件必须具有同时适用于 32 位和 64 位版本的 Windows 的驱动程序。如果您看到此徽标,则不必怀疑该硬件是否能与 64 位版本的 Windows 协调运行。

2.2.4　桌面和个性化设置

桌面是打开计算机并登录到 Windows 之后看到的主屏幕区域。就像实际的桌面一样,它是您工作的平面。打开程序或文件夹时,它们便会出现在桌面上。还可以将一些项目(如文件和文件夹)放在桌面上,并且随意排列它们。

从更广义上讲,桌面有时包括任务栏。任务栏位于屏幕的底部,显示正在运行的程序,并可以在它们之间进行切换。它还包含"开始"按钮,使用该按钮可以访问程序、文件夹和计算机设置。

如果查看屏幕上的项目时偶尔出现困难,则可以调整设置使屏幕上的文本和图像显示得更大,提高屏幕上项目之间的对比度。可以在"轻松访问中心"的"使计算机更易于查看"页上调整这些设置。

(1)通过依次单击开始按钮 ⊞ 、"控制面板"、"轻松访问"、"轻松访问中心"和"使计算机更易于查看",打开"使计算机更易于查看"页面。

(2)选择要使用的选项:

◆选择一个高对比度主题。此选项可用于设置高对比度配色方案,它可以增加计算机屏幕上某些文本和图像的色彩对比度,从而使这些项目更清晰且更易于识别。

◆按下左 Alt＋左 Shift＋Print Screen 时启用或关闭高对比度。此选项允许您通过按下左 Alt＋左 Shift＋Print Screen 键将高对比度主题切换为开启或关闭。

◆启用讲述人。此选项用于将讲述人设置为在登录到计算机时运行。讲述人高声阅读屏幕上的文本并描述在使用计算机时发生的事件（如显示的错误消息）。

◆启用音频说明。此选项用于将音频说明设置为在登录到计算机时运行。音频说明描述视频中发生的内容。

◆更改文本和图标的大小。此选项允许您使屏幕上的文本和其他项目显示得更大，以方便进行查看。

◆启用放大镜。此选项用于将放大镜设置为在登录到计算机时运行。放大镜可以放大屏幕中鼠标指向的部分，在查看难以看到的对象时特别有用。

◆调整窗口边框的颜色和透明度。使用此选项，可以更改窗口边框的外观使其更易于查看。

◆微调显示效果。此选项允许您自定义某些项目在桌面上的显示方式。

◆使聚焦框变粗。此选项用于使对话框中当前选定项目周围的聚焦框变粗，从而使其更易于查看。

◆设置闪烁光标的粗细。使用此选项，可以使对话框和程序中的闪烁光标变粗并且更易于查看。

◆关闭所有不必要的动画。此选项用于关闭窗口和其他元素关闭时的动画效果，如淡入淡出效果。

◆删除背景图像。此选项用于关闭所有不重要的、重叠的内容和背景图像，以便更方便地查看屏幕。

添加或删除桌面图标

可以为程序、文件、图片、位置和其他项目添加或删除桌面图标。

添加到桌面的大多数图标将是快捷方式，但也可以将文件或文件夹保存到桌面。如果删除存储在桌面的文件或文件夹，它们会被移动到"回收站"中，可以在"回收站"中将它们永久删除。如果删除快捷方式，则会将快捷方式从桌面删除，但不会删除快捷方式链接到的文件、程序或位置。

显示、隐藏桌面图标，或调整桌面图标的大小

桌面上的图标使您可以快速访问快捷方式。您可以显示所有图标，但如果更喜欢干净的桌面，也可以隐藏所有图标。还可以调整它们的大小。

在桌面上显示或隐藏常用图标

可以选择在桌面上显示常用的 Windows 功能，如"计算机""网络"和"回收站"。

显示或隐藏常用桌面图标的步骤如下：

（1）通过单击开始按钮 ，然后单击"控制面板"，打开"个性化"。或在搜索框中，键入个性化，然后单击"个性化"。

（2）在左窗格中，单击"更改桌面图标"。

（3）在"桌面图标"下，选中要在桌面上显示的每个图标对应的复选框或清除不想要显示的图标对应的复选框，然后单击"确定"。

2.2.5 区域、日期、时间设置

更改国家或地区设置

Windows 中的国家或地区设置(也称为"位置")表明您所在的国家或地区。有些软件程序和服务会根据此设置提供诸如新闻和天气之类的本地信息。

更改国家或地区设置的步骤如下:

(1)通过依次单击开始按钮 、"控制面板"、"时钟、语言和区域"或"区域和语言",打开"区域和语言"。

(2)单击"位置"选项卡,从列表中选择您的位置,然后单击"确定"。

更改系统区域设置

系统区域设置可确定用于在不使用 Unicode 的程序中输入和显示信息的默认字符集(字母、符号和数字)和字体。这可让非 Unicode 程序在使用指定语言的计算机上运行。在计算机上安装其他显示语言时,可能需要更改默认系统区域设置。为系统区域设置选择不同的语言并不会影响 Windows 或其他使用 Unicode 的程序的菜单和对话框中的语言。

(1)通过依次单击开始按钮 、"控制面板"、"时钟、语言和区域"或"区域和语言",打开"区域和语言"。

(2)单击"管理"选项卡,然后在"非 Unicode 程序的语言"下单击"更改系统区域设置"。如果系统提示您输入管理员密码或进行确认,请键入该密码或提供确认。

(3)选择语言,然后单击"确定"。

若要重新启动计算机,请单击"立即重新启动"。

更改日期、时间、货币和度量的显示

可以更改 Windows 用于显示日期、时间、货币和度量的格式。也可以更改文本的排列顺序以匹配特定国家或地区的排列规则。

(1)通过依次单击开始按钮 、"控制面板"、"时钟、语言和区域"或"区域和语言",打开"区域和语言"。

(2)单击"格式"选项卡,然后在"格式"列表中选择区域设置以用于日期、时间、货币和度量的显示。

(3)选择要使用的日期和时间格式。Windows 使用下列表示法来指定日期和时间的显示方式。

日期和时间符号	含义
h	小时(hh 显示具有前导零的小时)
m	分钟(mm 显示具有前导零的分钟)
s	秒钟(ss 显示具有前导零的秒钟)
tt	A. M. 或 P. M.
h/H	12 或 24 小时制显示
d 和 dd	日期

续表

日期和时间符号	含义
ddd 和 dddd	星期几
M	月
y	年

(4)若要进一步自定义日期、时间、货币和度量的显示方式,请单击"其他设置",然后执行以下操作之一:

◆若要更改计算机显示数字的方式,请单击"数字"选项卡。您要更改的项目(基于所选的格式语言)包括小数点符号和列表分隔符、用于负数和前导零的格式,以及所使用的度量衡系统(美制或公制)。

◆若要更改计算机显示货币面值的方式,请单击"货币"选项卡。您要更改的项目(基于所选的格式语言)包括货币符号、用于正数或负数金额的格式,以及用于分隔数字的标点。

◆若要更改计算机显示时间的方式,请单击"时间"选项卡。有关设置时钟的详细信息,请参阅设置时钟。

◆若要更改计算机显示日期的方式,请单击"日期"选项卡。

设置时钟

计算机时钟用于记录创建或修改计算机中文件的时间。可以更改时钟的时间和时区。

(1)通过依次单击开始按钮 、"控制面板"、"时钟、语言和区域"或"日期和时间",打开"日期和时间"。

(2)单击"日期和时间"选项卡,然后单击"更改日期和时间"。如果系统提示您输入管理员密码或进行确认,请键入该密码或提供确认。

(3)在"日期和时间设置"对话框中,执行下列一项或多项操作:

若要更改小时,请双击小时,然后单击箭头增加或减少该值。

若要更改分钟,请双击分钟,然后单击箭头增加或减少该值。

若要更改秒,请双击秒,然后单击箭头增加或减少该值。

(4)更改完时间设置后,请单击"确定"。

(5)若要更改时区,请单击"更改时区"。

(6)在"时区设置"对话框中,单击下拉列表中您当前所在的时区,然后单击"确定"。

2.2.6 开始菜单

开始菜单是计算机程序、文件夹和设置的主门户。之所以称之为"菜单",是因为它提供一个选项列表,就像餐馆里的菜单那样。至于"开始"的含义,在于它通常是您要启动或打开某项内容的位置。

使用开始菜单可执行这些常见的活动:

◆启动程序；

◆打开常用的文件夹；

◆搜索文件、文件夹和程序；

◆调整计算机设置；

◆获取有关 Windows 操作系统的帮助信息；

◆关闭计算机；

◆注销 Windows 或切换到其他用户帐户。

① 附加的程序　　　　④ 搜索框
② 最近打开的文档　　⑤ 最近附加的程序
③ 打开程序的跳跃菜单　⑥ 自定义菜单项

图附录 2.1　开始菜单

2.2.7　背景

更改桌面背景(壁纸)

桌面背景(也称为壁纸)可以是个人收集的数字图片、Windows 提供的图片、纯色或带有颜色框架的图片等。可以选择一个图像作为桌面背景，也可以显示幻灯片图片。

更改桌面背景步骤如下：

(1)通过单击开始按钮，然后单击"控制面板"，打开"个性化"，单击"桌面背景"。或在搜索框中，键入更改桌面背景，然后单击"更改桌面背景"。

(2)单击要用于桌面背景的图片或颜色。

如果要使用的图片不在桌面背景图片列表中，请单击"图片位置"列表中的选项查看其他类别，或单击"浏览"搜索计算机上的图片。找到所需的图片后，双击该图片。它将成为桌面背景。

(3)单击"图片位置"下的箭头，选择"填充""适应""拉伸""平铺""居中"中的任一项，然后单击"保存修改"。

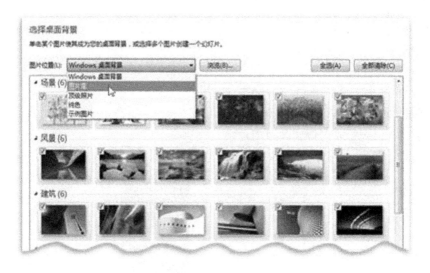

图附录 2.2　在计算机上的其他位置查找图片

2.2.8　主题

主题的概念

主题是计算机上的图片、颜色和声音的组合。它包括桌面背景、屏幕保护程序、窗口边框颜色和声音方案。某些主题也可能包括桌面图标和鼠标指针。

Windows 提供了多个主题。可以选择 Aero 主题对您的计算机进行个性化设置。如果计算机运行缓慢,可以选择 Windows 7 基本主题。或者,如果希望使屏幕上的项目更易于查看,可以选择高对比度主题。单击要应用于桌面的主题。

通过单击开始按钮 ，然后单击"控制面板",打开"个性化"。或在搜索框中,键入个性化,然后单击"个性化"。

还可以分别更改主题的图片、颜色和声音来创建自定义主题。您可以在 Windows 网站上的个性化库中找到要添加到您的集合中的更多主题。

创建主题

在 Windows 7 中,您可以通过创建自己的主题,更改桌面背景、窗口边框颜色、声音和屏幕保护程序以适应您的风格。

创建主题的步骤:

(1)通过单击开始按钮 ，然后单击"控制面板",打开"个性化"。或在搜索框中,键入个性化,然后单击"个性化"。

(2)单击要应用于桌面的主题。

(3)更改以下一项或多项内容:

◆桌面背景。桌面背景可以是单张图片或幻灯片放映(一系列不停变换的图片)。您可以使用自己的图片,或者从 Windows 自带的图片中选择。若要更改背景,请单击"桌面背景",浏览到要使用的图片,选中要加入幻灯片放映的图片的复选框,然后单击"保存修改"。或用鼠标指向一幅图片,然后选中该图片的复选框以将其添加到桌面背景幻灯片中。

◆窗口边框颜色。若要更改窗口边框、任务栏和"开始"菜单的颜色,请单击"窗口颜色",然后单击要使用的颜色,再调整色彩浓度,然后单击"保存修改"。有关详细信息,请参阅更改计算机上的颜色。

◆声音。若要更改电脑在发生事件时发出的声音,请依次单击"声音"和"声音方案"列表中的项目,然后单击"确定"。有关详细信息,请参阅更改计算机声音。

◆屏幕保护程序。若要添加或更改屏幕保护程序,请依次单击"屏幕保护程序"和"屏幕保护程序"列表中的项目,更改任意设置以满足您的喜好,然后单击"确定"。有关详细信息,请参阅更改屏幕保护程序。

新主题将作为未保存的主题出现在"我的主题"下。若想要以后回到未保存的主题,请确保您已将其保存。若要了解有关保存主题的详细信息,请参阅保存主题程序。

保存主题

如果您喜欢新主题的外观和声音,则可以保存该主题,以便随时使用它。

保存主题的步骤如下:

(1)通过单击开始按钮,然后单击"控制面板",打开"个性化"。或在搜索框中,键入个性化,然后单击"个性化"。

(2)单击未保存的主题,以将其应用于桌面。

(3)单击"保存主题"。

(4)键入该主题的名称,然后单击"保存"。

此时该主题将出现在"我的主题"下。

删除主题

如果您不再想使用已创建或下载的主题,可以将其从电脑中删除(Windows 自带的主题不能删除)。右键单击要删除的主题,然后单击"删除主题"即可。

使用主题

您选择的图片、颜色和声音可反映出您的性格和爱好,并且有助于让您的电脑展现家的感觉。在 Windows 7 中,您可以通过使用主题立即(根据需要随时)更改您电脑的桌面背景、窗口边框颜色、声音、屏幕保护程序。

2.2.9　跳转列表

使用跳转列表（Jump List）打开程序和项目

"跳转列表（Jump List）"是最近打开的项目列表,例如文件、文件夹或网站,这些项目按照用来打开它们的程序进行组织。您可以使用"跳转列表（Jump List）"打开项目,还可以将收藏夹锁定到"跳转列表（Jump List）",以便可以快速访问每天使用的项目。

使用"跳转列表（Jump List）"管理程序和项目

在任务栏上,对于已固定到任务栏的程序和当前正在运行的程序,会出现"跳转列表（Jump List）"（"跳转列表（Jump List）"不会出现在开始菜单上的"所有程序"中）。

除您已锁定的项目外,"跳转列表（Jump List）"还可以包括最近打开或经常打开的项目、任务或网站。

无论是在开始菜单上还是在任务栏上查看,在程序的"跳转列表(Jump List)"中看到的项目将始终相同。例如,如果您将某个项目锁定到任务栏上某个程序的"跳转列表(Jump List)"中,则该项目也会出现在开始菜单上该程序的"跳转列表(Jump List)"中。

使用开始菜单上的"跳转列表(Jump List)"可以快速访问您最常用的项目。

2.2.10　文件及文件夹

更改在文件夹中显示文件的方式

(1)打开要更改的文件夹。

(2)单击工具栏上"视图"按钮 旁边的箭头。

(3)单击某个视图或移动滑块以更改文件和文件夹的外观。

您可以将滑块移动到某个特定视图(如"详细信息"视图),或者通过将滑块移动到小图标和超大图标之间的任何点来微调图标大小。

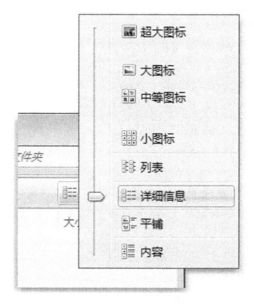

图附录2.3　文件显示方式

查找已下载的文件

使用 Internet Explorer 从 Internet 下载文件时,系统会询问要存储该文件的位置。如果未指定要存储该文件的位置,则程序、文档和网页将被保存在"文档"文件夹中,而图片将被保存在"图片"文件夹中。单击开始按钮,然后单击"文档"或"图片"就可以查看了。

显示/隐藏文件

(1)通过依次单击开始按钮、"控制面板"、"外观和个性化",然后单击"文件夹选项"以打开"文件夹选项"。

(2)单击"视图"选项卡。

(3)在"高级设置"下,单击"显示隐藏的文件、文件夹和驱动器",然后单击"确定"。

使用库

在以前版本的 Windows 中,管理文件意味着在不同的文件夹和子文件夹中组织这些文件。在 Windows 7 中,还可以使用库组织和访问文件,而不管其存储位置如何。

库可以收集不同位置的文件,并将其显示为一个集合,而无需从其存储位置移动这些文件。

以下是可以对库执行的一些操作:

◆新建库。有四个默认库(文档、音乐、图片和视频),但可以新建库用于其他集合。

◆按文件夹、日期和其他属性排列项目。可以使用"排列方式"菜单以不同方式排列库中的项目,该菜单位于任何打开库中的库面板(文件列表上方)内。例如,可以按艺术家排列音乐库,以便按特定艺术家快速查找音乐。

◆更改默认保存位置。默认保存位置是将项目复制、移动或保存到库时的存储位置。

在库中包含文件夹

库可以收集不同文件夹中的内容。可以将不同位置的文件夹包含到同一个库中,然后以一个集合的形式查看和排列这些文件夹中的文件。例如,如果在外部硬盘驱动器上保存了一些图片,则可以在图片库中包含该硬盘驱动器中的文件夹,然后在该硬盘驱动器连接到计算机时,可随时在图片库中访问该文件夹中的文件。

将计算机上的文件夹包含到库中的步骤:

(1)在任务栏中,单击"Windows 资源管理器"按钮 。

(2)在导航窗格(左窗格)中,导航到要包含的文件夹,然后单击(不是双击)该文件夹。

(3)在工具栏(位于文件列表上方)中,单击"包含到库中",然后单击某个库(例如,"文档")。

将外部硬盘驱动器上的文件夹包含到库中的步骤:

(1)确保外部硬盘驱动器已连接到计算机,并且计算机可以识别该设备。

(2)在任务栏中,单击"Windows 资源管理器"按钮 。

(3)在导航窗格(左窗格)中,单击"计算机",然后导航到要包含的外部硬盘驱动器上的文件夹。

(4)在工具栏(位于文件列表上方)中,单击"包含到库中",然后单击某个库(例如,"文档")。

将网络文件夹包含到库中的步骤:

(1)确保网络文件夹添加到索引中并且可以脱机使用。

(2)在任务栏中,单击"Windows 资源管理器"按钮 。

(3)在导航窗格(左窗格)中,单击"网络",然后导航到要包含的网络上的文件夹。

(4)单击地址栏左侧的图标,键入网络的路径,按 Enter,然后导航到要包含的文件夹。

(5)在工具栏(位于文件列表上方)中,单击"包含到库中",然后单击某个库(例如,"文档")。

从库中删除文件夹的步骤：

(1)在任务栏中，单击"Windows 资源管理器"按钮 。

(2)在导航窗格(左窗格)中，单击要从中删除文件夹的库。

(3)在库窗格(文件列表上方)中，在"包括"旁边，单击"位置"。

(4)在显示的对话框中，单击要删除的文件夹，单击"删除"，然后单击"确定"。

自定义库

使用库，可以查看和排列存储在不同位置的文件。通过在库中包括或删除文件夹，可以更改库收集内容的位置。还可以通过更改默认保存位置，通过更改优化库所针对的文件类型，来自定义库的一般行为。库的默认保存位置是指当执行复制、移动或保存到库的操作时，存储项目的位置。每个库都可以针对特定文件类型(如音乐或图片)进行优化。针对某个特定文件类型优化库将更改排列该库中的文件可以使用的选项。

更改库的默认保存位置的步骤：

(1)打开要更改的库。

(2)在库窗格(文件列表上方)中，在"包括"旁边，单击"位置"。

(3)在"库位置"对话框中，右键单击当前不是默认保存位置的库位置，单击"设置为默认保存位置"，然后单击"确定"。

更改优化库所针对的文件类型的步骤：

(1)右键单击要更改的库，然后单击"属性"。

(2)在"优化此库"列表中，单击某个文件类型，然后单击"确定"。

创建新库

可以使用库来查看和排列位于不同位置的文件。有四个默认库(文档库、音乐库、图片库和视频库)，但还可以为其他集合创建新库。

创建新库的步骤：

(1)单击开始按钮 ，单击用户名(这样将打开个人文件夹)，然后单击左窗格中的"库"。

(2)在"库"中的工具栏上，单击"新建库"。

(3)键入库的名称，然后按 Enter。

若要将文件复制、移动或保存到库，必须首先在库中包含一个文件夹，以便让库知道存储文件的位置。此文件夹将自动成为该库的"默认保存位置"。

使用地址栏导航

地址栏出现在每个文件夹窗口的顶部，将您当前的位置显示为以箭头分隔的一系列链接。图附录 2.4 是文档库中地址栏的可能显示方式。

可以通过单击某个链接或键入位置路径来导航到其他位置。

◆通过单击链接进行导航：

(1)单击地址栏中的链接直接转至该位置。

(2)单击地址栏中指向链接右侧的箭头，然后单击列表中的某项以转至该位置。

◆通过键入新路径进行导航的步骤：

(1)单击地址栏左侧的图标。地址栏将更改为显示到当前位置的路径。

图附录 2.4　文档库中地址栏显示方式

（2）对于大多数位置，键入完整的文件夹名称或到新位置的路径（例如 C:\Users\Public），然后按 Enter；对于常用位置，键入名称（例如 Documents），然后按 Enter。

下面是可以直接键入地址栏的常用位置列表：

◆计算机。

◆联系人。

◆控制面板。

◆文档。

◆收藏夹。

◆游戏。

◆音乐。

◆图片。

◆回收站。

◆视频。

查找文件或文件夹

Windows 提供了查找文件和文件夹的多种方法。搜索方法无所谓最佳与否，在不同的情况下可以使用不同的方法。

使用开始菜单上的搜索框

可以使用开始菜单上的搜索框来查找存储在计算机上的文件、文件夹、程序和电子邮件。

若要使用开始菜单查找项目，请执行下列操作：

单击开始按钮，然后在搜索框中键入字词或字词的一部分。

键入后，与所键入文本相匹配的项将出现在开始菜单上。搜索结果基于文件名中的文本、文件中的文本、标记以及其他文件属性。

使用文件夹或库中的搜索框

通常您可能知道要查找的文件位于某个特定文件夹或库中，例如文档或图片文件夹/库。浏览文件可能意味着查看数百个文件和子文件夹。为了节省时间和精力，请使用已打开窗口顶部的搜索框。

搜索框基于所键入文本筛选当前视图。搜索将查找文件名和内容中的文本，以及标记等文件属性中的文本。在库中，搜索包括库中所有文件夹及这些文件夹中的子文件夹。

若要使用搜索框搜索文件或文件夹，请执行下列操作：

在搜索框中键入字词或字词的一部分。键入时，将筛选文件夹或库的内容，以反射键入的每个连续字符。看到需要的文件后，即可停止键入。

① 搜索结果　　　② 搜索框

图附录 2.5　使用开始菜单上的搜索框

例如,假设文档库如图附录 2.6 所示。

图附录 2.6　示例文档库

现在假设您要查找 invoice(发票)文件,因此在搜索框中键入"invoice"。键入后,将自动对视图进行筛选,将看到如图附录 2.7 所示的内容。

也可以在搜索框中使用其他搜索技巧来快速缩小搜索范围。例如,如果要基于文件的一个或多个属性(例如标记或上次修改文件的日期)搜索文件,则可以在搜索时使用搜索筛选器指定属性。或者,可以在搜索框中键入关键字以进一步缩小搜索结果范围。

将搜索扩展到特定库或文件夹之外

如果在特定库或文件夹中无法找到要查找的内容,则可以扩展搜索,以便包括其他位

图附录 2.7　搜索结果

置。在搜索框中键入某个字词,滚动到搜索结果列表的底部。在"在以下内容中再次搜索"下,执行下列操作之一:

(1)单击"库"在每个库中进行搜索。

(2)单击"计算机"在整个计算机中进行搜索。这是搜索未建立索引的文件(例如系统文件或程序文件)的方式。但是请注意,搜索会变得比较慢。

(3)单击"自定义"搜索特定位置。

(4)单击 Internet,以使用默认 Web 浏览器及默认搜索提供程序进行联机搜索。

删除文件或文件夹

右键单击要删除的文件或文件夹,然后单击"删除"。如果系统提示您输入管理员密码或进行确认,请键入该密码或提供确认。

也可以通过将文件或文件夹拖动到回收站,或者通过选择文件或文件夹并按 Delete 的方式将其删除。

从硬盘中删除文件或文件夹时,不会立即将其删除,而是将其存储在回收站中,直到清空回收站为止。若要永久删除文件而不是先将其移至回收站,请选择该文件,然后按 Shift+Delete。

如果从网络文件夹或 USB 闪存驱动器删除文件或文件夹,则可能会永久删除该文件或文件夹,而不是将其存储在回收站中。

如果无法删除某个文件,则可能是当前运行的某个程序正在使用该文件。请尝试关闭该程序或重新启动计算机以解决该问题。

为何无法删除文件或文件夹?

如果您没有文件或文件夹的适当权限,则无法将其删除。如果文件不是由您创建的,则即使它存储在公用文件夹中,也无法将其删除,如果是这种情况,则您必须要求文件的所有者将其删除。

如果文件当前在某个程序中被打开,则您也无法删除它(或包含该文件的文件夹)。

请确保文件未在任何程序中打开,然后重试删除文件或文件夹。

有时在删除文件夹中的所有文件后,文件夹仍然存在,如何删除该文件夹?

关闭所有打开的程序,然后尝试删除该文件夹。如果此操作不起作用,请重新启动计算机,并重新尝试删除该文件夹。未能删除文件夹的原因很可能是其他程序正在使用文件夹中的文件。

删除的文件通常被移动到"回收站"中,以便您在将来需要时还原文件。若要将文件从计算机上永久删除并回收它们所占用的所有硬盘空间,您需要从回收站中删除这些文件。您可以删除回收站中的单个文件或一次性清空回收站。通过双击桌面上的"回收站"打开回收站。若要永久性删除某个文件,请单击该文件,按 Delete,然后单击"是";若要删除所有文件,请在工具栏上,单击"清空回收站",然后单击"是"。

回收站通常位于桌面上,如果您未看到"回收站",请不要担心,可能是被隐藏了。

显示或隐藏桌面上的回收站的步骤:

(1)单击开始按钮 ,在搜索框中键入"图标",然后单击"显示或隐藏桌面上的通用图标"。

(2)在"桌面图标设置"对话框中,执行以下操作之一:若要隐藏"回收站",请清除"回收站"复选框;若要显示"回收站",请选中"回收站"复选框。

(3)单击"确定"。

您可以更改回收站的设置以适应您的工作方式。例如,如果您因为要保存丢弃的文件而很少清空回收站,则可以增加回收站的最大存储大小。还可以关闭每次将文件发送到回收站时都会出现的删除确认对话框,或者选择不将文件移入回收站,而是永久地从计算机中删除。

如果您想将回收站作为安全屏障,在其中保留所有删除的文件,则可以增加回收站的最大存储大小,步骤如下:

(1)在桌面上,右键单击"回收站",然后单击"属性"。

(2)在"回收站位置"下,单击要更改的回收站位置(可能是 C 驱动器)。

(3)单击"自定义大小",然后在"最大值(MB)(X)"框中,输入回收站的最大存储大小(以兆字节为单位)。

(4)单击"确定"。

可以选择在删除内容时绕过回收站,步骤如下:(对于大多数用户不建议使用此选项)

(1)在桌面上,右键单击"回收站",然后单击"属性"。

(2)在"回收站位置"下,单击要更改的回收站位置(可能是 C 驱动器)。

(3)单击"删除时不将文件移入回收站,而是彻底删除",然后单击"确定"。

如果不希望在每次将文件或文件夹发送到回收站时都收到消息,可以关闭删除确认对话框,步骤如下:

(1)在桌面上,右键单击"回收站",然后单击"属性"。

(2)在"回收站位置"下,单击要更改的回收站位置(可能是 C 驱动器)。

(3)清除"显示删除确认对话框"复选框,然后单击"确定"。

回收站有两种不同的外观:一种是回收站为空时的外观,另一种是其中有文件或文件夹时的外观。可通过更改其中一个图标或同时更改两个图标来自定义回收站的外观，步骤如下：

（1）通过单击开始按钮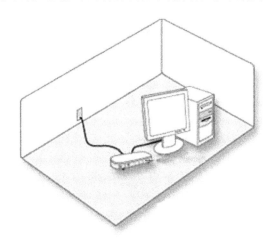，然后单击"控制面板"，打开"个性化"。或在搜索框中，键入个性化，然后单击"个性化"。

（2）在左窗格中，单击"更改桌面图标"。

（3）在桌面图标的列表中，单击"回收站（满）"或"回收站（空）"，然后执行以下操作之一：

①若要将回收站更改为新图标，请单击"更改图标"。从列表中选择图标，然后单击"确定"。

②若要将回收站更改为它的原始图标，请单击"还原默认设置"。

（4）单击"确定"。

2.2.11　网络连接

设置宽带（DSL 或电缆）连接

若要设置数字用户线（DSL）或电缆连接，您首先需要拥有一个 Internet 服务提供商（ISP）的帐户。对于 DSL，ISP 通常是电话公司；对于电缆，ISP 通常是有线电视提供商。

您还需要调制解调器、路由器或者将两者相结合的设备。有些 ISP 将为您提供这些设备；如果您的 ISP 没有提供这些设备，则您需要购买这些设备。当您拥有调制解调器、路由器或者这两个设备的组合设备时，请按照 ISP 提供的说明进行操作，或者按照以下相应步骤进行操作。

【如果您拥有一个设备（组合的调制解调器和路由器，如图附录 2.8）】

图附录 2.8　组合的调制解调器和路由器

（1）将设备插入电源插座。

（2）将电话线或电缆的一端插入设备的广域网（WAN）端口，然后将另一端插入墙壁插孔。WAN 端口应该标为"WAN"。（DSL 用户：请勿在电话线上使用 DSL 过滤器）

（3）将以太网电缆的一端插入设备上的局域网（LAN）端口，然后将另一端插入要连

接到 Internet 的计算机的网络端口。局域网端口应该标为"LAN"。（如果使用无线连接，请跳过此步骤）

（4）启动（或重新启动）计算机。

（5）通过单击开始按钮，然后单击"控制面板"，打开"连接到 Internet 向导"。或在搜索框中，键入网络，依次单击"网络和共享中心""设置新的连接或网络"，然后双击"连接到 Internet"。

（6）按照向导中的步骤执行操作。

【如果您拥有两个设备（单独的调制解调器和路由器，如图附录 2.9）】

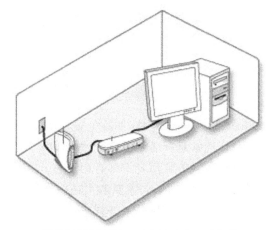

宽带调制解调器；以太网路由器或集线器

图附录 2.9　单独的调制解调器和路由器

（1）将调制解调器插入电源插座。

（2）将电话线或电缆的一端插入调制解调器，然后将另一端插入墙壁插孔。（DSL 用户：请勿在电话线上使用 DSL 过滤器）

（3）将以太网电缆的一端插入调制解调器，然后将另一端插入路由器上的广域网（WAN）端口。

（4）将路由器插入电源插座。

（5）将以太网电缆的一端插入路由器上的局域网（LAN）端口，然后将另一端插入要连接到 Internet 的计算机的网络端口。（如果使用无线连接，请跳过此步骤）

（6）启动（或重新启动）计算机。

（7）通过单击开始按钮，然后单击"控制面板"，打开"连接到 Internet 向导"。或在搜索框中，键入网络，依次单击"网络和共享中心""设置新的连接或网络"，然后双击"连接到 Internet"。

（8）按照向导中的步骤执行操作。

设置无线网络

想像您坐在起居室的躺椅上在网上冲浪，或在夜间舒服地躺在床上与朋友联机聊天，或者在厨房里从计算机向家庭办公室的打印机发送文档。无线网络为联网的灵活性提供了极大方便,而且设置无线网络也比您想像的容易。本文将向您介绍设置和开始使用无线网络的步骤。

宽带 Internet 连接和调制解调器

相对于拨号连接而言,宽带 Internet 连接是一种高速 Internet 连接,拨号连接速度较慢,并且不支持无线网络。数字用户线(DSL)和电缆是两种最常用的宽带连接。可以通过联系 Internet 服务提供商(ISP)获得宽带连接。通常,提供 DSL 的 ISP 是电话公司,提供电缆的 ISP 是有线电视公司。ISP 通常提供宽带调制解调器,甚至负责为您安装。一些 ISP 还提供调制解调器/无线路由器组合。还可以在计算机或电子商店找到这些设备。

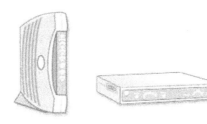

图附录 2.10　常见的电缆调制解调器(左)和 DSL 调制解调器(右)

无线路由器

路由器用于在您的网络和 Internet 之间发送信息。通过无线路由器,您可以使用无线信号(而非有线信号)将计算机连接到网络。目前有多种不同类型的无线网络技术,其中包括 802.11a、802.11b、802.11g 和 802.11n。我们建议使用支持 802.11g 或 802.11n 的路由器,因为这两种路由器的速度较快并且可以提供较强的无线信号。

图附录 2.11　无线路由器

无线网络适配器

网络适配器是一种将计算机连接到网络的设备。若要将便携式计算机或台式计算机连接到无线网络,计算机必须有无线网络适配器。大多数便携式计算机和许多台式计算机都已附带安装了无线网络适配器。若要检查您的计算机是否有无线网络适配器,请按照下列步骤操作:

(1)依次单击开始按钮 、"控制面板"、"系统和安全",然后在"系统"下单击"设备管理器"以打开设备管理器。如果系统提示您输入管理员密码或进行确认,请键入该密码或提供确认。

(2)双击"网络适配器"。

(3)查找名称中包含"无线"的网络适配器。

如果您的计算机需要无线网络适配器,则可以从计算机或电子商店购买并自己安装。最好选择通用串行总线(USB)类型的适配器,因为它们比较小、容易安装,并且可以移动到其他计算机。请确保购买与无线路由器类型相同的适配器。适配器类型通常标在包装盒上,一般使用一个字母标记,如 G 或 A。

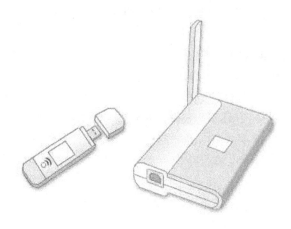

图附录 2.12　常见的 USB 无线网络适配器

将计算机连接到域

域是具有常用规则和过程的网络上的计算机集合,这些计算机作为一个整体进行管理。每个域都有一个唯一的名称。域通常用于办公网络。若要将计算机连接到域,您需要知道域的名称,并在该域上具有有效的用户帐户。

(1)通过单击开始按钮 、右键单击"计算机",然后单击"属性",打开"系统"。

(2)在"计算机名称、域和工作组设置"下,单击"更改设置"。如果系统提示您输入管理员密码或进行确认,请键入该密码或提供确认。

(3)单击"计算机名"选项卡,然后单击"更改"。或者,单击"网络 ID"使用"加入域或工作组"向导自动执行连接到域的过程,并在计算机上创建域用户帐户。

(4)在"隶属于"下,单击"域"。

(5)键入要加入其中的域名,然后单击"确定"。将要求您键入您在域中的用户名和密码。

一旦成功加入域中,会提示您重新启动计算机。必须重新启动计算机才可以使更改生效。

查找计算机所属的域

如果您的组织使用 Active Directory 域管理它的网络,则您可能需要知道计算机隶属于哪个域,以便访问网络上的其他计算机和资源。

(1)通过单击开始按钮 、右键单击"计算机",然后单击"属性",打开"系统"。

(2)如果您的计算机已连接到域,则在"计算机名称、域和工作组设置"下,您将会看到计算机隶属的域的名称。如果您的计算机已连接到工作组,则您将会看到计算机隶属的工作组的名称。

设置计算机到计算机(临时)网络

临时网络是计算机和设备之间用于特定用途的临时连接,例如在会议期间共享文档或进行多人计算机游戏。您还可以与临时网络中的其他用户临时共享 Internet 连接,这样那些用户就不必建立自己的 Internet 连接。临时网络只能是无线的,因此您必须在计算机上安装无线网络适配器,才能设置或加入临时网络。

图附录 2.13　计算机名/域更改

（1）通过单击开始按钮，然后单击"控制面板"，打开"网络和共享中心"。或在搜索框中，键入网络，然后单击"网络和共享中心"。

（2）单击"设置新的连接或网络"。

（3）单击"设置无线临时（计算机到计算机）网络"，单击"下一步"，然后按照向导中的步骤操作。

如果一台或多台网络计算机加入了某个域，则使用该网络的每个人都需要有该计算机上的用户帐户才能查看和访问其中的共享项目。

如果网络计算机未加入域，但您想要求其他用户拥有您计算机上的用户帐户才能访问共享项目，则可以在"高级共享设置"中启用密码保护的共享。

在所有用户从网络断开连接后，或设置该网络的人断开网络并超出网络其他用户的范围时，会自动删除临时网络，除非在创建该临时网络时选择使它成为永久网络。

如果您共享 Internet 连接，则在您断开与临时网络的连接时将禁用 Internet 连接共享（ICS），您可以在没有与启用了 ICS 的旧临时网络断开连接的情况下创建新的临时网络，或者注销，然后重新登录（无需与临时网络断开连接）。

如果设置了临时网络，并共享了 Internet 连接，然后有人使用快速用户切换登录到同一台计算机，则即使您不想和该人共享，也会共享 Internet 连接。

2.2.12　备份及还原

为了帮助确保不会丢失您的文件，应当定期备份这些文件。可以设置自动备份或者随时手动备份文件。

备份文件的步骤：

(1)打开"备份和还原",方法是依次单击开始按钮，、"控制面板"、"系统和安全",然后单击"备份和还原"。

(2)请执行下列操作之一：

①如果您以前从未使用过 Windows 备份,请单击"设置备份",然后按照向导中的步骤操作。如果系统提示您输入管理员密码或进行确认,请键入该密码或提供确认。

②如果您以前创建过备份,则可以等待定期计划备份发生,或者可以通过单击"立即备份"手动创建新备份。如果系统提示您输入管理员密码或进行确认,请键入该密码或提供确认。

建议您不要将文件备份到安装 Windows 的硬盘中。始终将用于备份的介质(外部硬盘、DVD 或 CD)存储在安全的位置,以防止未经授权的人员访问您的文件(我们建议存储在与计算机分离的防火位置)。还应考虑加密备份上的数据。

创建第一个备份之后,Windows 备份会将新增或更改的信息添加到您的后续备份中。如果要将备份保存在硬盘驱动器或网络位置,Windows 备份将在需要时自动为您新建完整的备份。如果要将备份保存在 CD 或 DVD 上并且无法找到现有备份光盘,或者要为计算机上的所有文件新建备份,则可以创建完整备份。

以下是创建完整备份的步骤：

(1)打开"备份和还原",方法是依次单击开始按钮，、"控制面板"、"系统和安全",然后单击"备份和还原"。

(2)在左窗格中,单击"新建完整备份"(只有将备份保存到 CD 或 DVD 上时才会看到此选项)。

升级 Windows 之后,即使在以前版本的 Windows 中进行过定期备份,也需要设置 Windows 备份。这是因为对备份程序进行了多处更改。无需选择要备份的文件类型,可以让 Windows 备份保存在库、桌面和默认 Windows 文件夹中的数据文件,或者可以选择要备份的特定库和文件夹。也可以创建计算机的系统映像。

若要设置备份,请执行以下步骤：

(1)打开"备份和还原",方法是依次单击开始按钮，、"控制面板"、"系统和安全",然后单击"备份和还原"。

(2)单击"设置备份",然后按照向导中的步骤操作。如果系统提示您输入管理员密码或进行确认,请键入该密码或提供确认。

备份程序、系统设置和文件

可以创建系统映像,其中包含 Windows 的副本以及您的程序、系统设置和文件的副本。该系统映像将被保存在与原始程序、设置和文件不同的位置。如果硬盘或整个计算机无法工作,则可以使用此映像来还原计算机的内容。

如果使用 Windows 备份来备份文件,则可以在每次备份文件时创建系统映像。可以将文件保存在 USB 闪存驱动器、CD、DVD 或硬盘驱动器上。系统映像必须保存在硬盘驱动器上。默认情况下,系统映像仅包含 Windows 运行所需的驱动器。

若要将其他驱动器包含在系统映像中,可以手动创建系统映像。如果手动创建系统映像,可以将其保存在 USB 闪存驱动器、CD、DVD 或硬盘驱动器上。请按照以下步骤手动创建系统映像：

（1）打开"备份和还原"，方法是依次单击开始按钮、"控制面板"、"系统和安全"，然后单击"备份和还原"。

（2）在左窗格中，单击"创建系统映像"，然后按照向导中的步骤操作。如果系统提示您输入管理员密码或进行确认，请键入该密码或提供确认。

保留不同版本的系统映像

如果将系统映像保存在内部或外部驱动器、CD 或 DVD 上，则可以保留多个版本的系统映像。在内部和外部硬盘驱动器上，当驱动器空间用尽时，将删除较早的系统映像。为了帮助节省磁盘空间，可以手动删除较早的系统映像。

如果在网络位置保存系统映像，则只能为每台计算机保留最新的系统映像。系统映像以驱动器"\WindowsImageBackup\计算机名\"格式保存。如果已拥有某台计算机的系统映像并且要为该计算机新建系统映像，则新系统映像将覆盖现有系统映像。如果要保留现有系统映像，则在新建系统映像之前导航到系统映像所在位置，将 WindowsImageBackup 文件夹复制到新位置即可。

备份注册表

必须以管理员身份登录才能执行这些步骤。如果不是以管理员身份登录，则您仅能更改适用于您的用户帐户的设置。

对注册表项或子项更改之前，我们建议您导出该项或子项或者制作它的备份副本。您可以将备份副本保存到指定的位置，如硬盘上的文件夹或可移动存储设备。如果您想要取消所做的更改，则可以导入备份副本。

（1）通过单击开始按钮，在搜索框中键入 regedit，然后按 Enter，打开注册表编辑器。如果系统提示您输入管理员密码或进行确认，请键入该密码或提供确认。

（2）找到并单击要备份的项或子项。

（3）单击"文件"菜单，然后单击"导出"。

（4）在"保存于"框中，选择要保存备份副本的位置，然后在"文件名"框中键入备份文件的名称。

（5）单击"保存"。

创建还原点

还原点表示计算机系统文件的存储状态。您可以使用还原点将计算机的系统文件及时还原到较早的时间点。系统还原每周自动创建还原点，并且当系统还原检测到计算机开始发生更改时（如安装程序或驱动程序），也将自动创建还原点。

存储在硬盘上的系统映像备份也可以用于系统还原，就像系统保护创建的还原点一样。即使系统映像备份包含系统文件和个人数据，您的数据文件也不会受到系统还原的影响。

创建还原点的步骤：

（1）通过单击开始按钮、右键单击"计算机"，然后单击"属性"，打开"系统"。

（2）在左侧窗格中，单击"系统保护"。如果系统提示您输入管理员密码或进行确认，请键入该密码或提供确认。

（3）单击"系统保护"选项卡，然后单击"创建"。

（4）在"系统保护"对话框中，键入描述，然后单击"创建"。

还原系统文件和设置

系统还原可以帮助您将计算机的系统文件及时还原到早期的还原点。通常，您希望在将计算机还原到某个还原点时，该还原点正好是在开始发现问题的日期和时间上创建的。自动创建的还原点的描述与事件名称对应，例如 Windows Update 安装更新。系统还原将计算机恢复到所选还原点之前所处的状态。

使用推荐的还原点还原系统文件和设置的步骤：

（1）单击开始按钮，在搜索框中，键入"系统还原"，然后在结果列表中单击"系统还原"。如果系统提示您输入管理员密码或进行确认，请键入该密码或提供确认。

（2）单击"推荐的还原点"，然后单击"下一步"。如果没有推荐的还原点，请按照下面的步骤选择特定的还原点。

（3）检查还原点，然后单击"完成"。

使用特定的还原点还原系统文件和设置的步骤：

（1）单击开始按钮，在搜索框中，键入"系统还原"，然后在结果列表中单击"系统还原"。如果系统提示您输入管理员密码或进行确认，请键入该密码或提供确认。

（2）请执行下列操作之一：

①如果没有推荐的还原点，请单击"选择另一还原点"，然后单击"下一步"。

②如果有推荐的还原点，请单击"下一步"。

（3）单击想要使用的还原点，然后单击"下一步"。若要查看会受到影响的程序和驱动器（可能包含将会删除的程序），请单击"扫描受影响的程序"。

（4）检查还原点，然后单击"完成"。

附录 3　云计算

3.1　云计算的概念

云计算的概念是由 Google 提出的,这是一个美丽的网络应用模式。狭义云计算是指 IT 基础设施的交付和使用模式,指通过网络以按需、易扩展的方式获得所需的资源;广义云计算是指服务的交付和使用模式,指通过网络以按需、易扩展的方式获得所需的服务,这种服务可以是 IT 和软件、互联网相关的,也可以是任意其他的服务,它具有超大规模、虚拟化、可靠安全等独特功效。

3.1.1　什么是云计算

图附录 3.1　云计算用户终端

云计算(Cloud Computing)是网格计算(Grid Computing)、分布式计算(Distributed Computing)、并行计算(Parallel Computing)、效用计算(Utility Computing)、网络存储(Network Storage Technologies)、虚拟化(Virtualization)、负载均衡(Load Balance)等传统计算机技术和网络技术发展融合的产物。它旨在通过网络把多个成本相对较低的计算实体整合成一个具有强大计算能力的完美系统,并借助 SaaS、PaaS、IaaS、MSP 等先进的商业模式把这强大的计算能力分布到终端用户手中。云计算的一个核心理念就是通过不断提高"云"的处理能力,进而减少用户终端的处理负担,最终使用户终端简化成一个单纯的输入输出设备,并能按需享受"云"的强大计算处理能力。

云计算,在广泛应用的同时,还有另外一种云存储来作为其辅助。像中国上海信息科技有限公司的 WinStor 云端存储,其以用户为基础,以磁盘为导向,强大的数据安全功能,使其中国的云计算更进一步提前进入市场。所谓云存储,就是以广域网为基础,跨域/路由来实现数据无所不在,无需下载、无需安装即可直接运行,实现另外一种云计算架构。

最简单的云计算技术在网络服务中已经随处可见,例如搜索引擎、网络信箱等,使用者只要输入简单指令即能得到大量信息。

未来如手机、GPS 等行动装置都可以通过云计算技术,发展出更多的应用服务。

进一步的云计算不仅只做资料搜寻、分析的功能,未来如分析 DNA 结构、基因图谱定序、解析癌症细胞等,都可以通过这项技术轻易达成。

稍早之前的大规模分布式计算技术即为"云计算"的概念起源。

云计算时代,可以抛弃 U 盘等移动设备,只需要进入 Google Docs 页面,新建文档,编辑内容,然后,直接将文档的 URL 分享给您的朋友或者上司,他可以直接打开浏览器访问 URL。我们再也不用担心因 PC 硬盘的损坏而发生资料丢失事件。

3.1.2　狭义云计算

提供资源的网络被称为"云"。"云"中的资源在使用者看来是可以无限扩展的,并且可以随时获取,按需使用,随时扩展,按使用付费。这种特性经常被称为像水电一样使用 IT 基础设施。

3.1.3　广义云计算

广义云计算中的服务可以是 IT 和软件、互联网相关的,也可以是任意其他的服务。这种提供服务的资源池称为"云"。"云"是一些可以自我维护和管理的虚拟计算资源,通常为一些大型服务器集群,包括计算服务器、存储服务器、宽带资源等等。云计算将所有的计算资源集中起来,并由软件实现自动管理,无需人为参与。这使得应用提供者无需为繁琐的细节而烦恼,能够更加专注于自己的业务,有利于创新和降低成本。

云计算是并行计算(Parallel Computing)、分布式计算(Distributed Computing)和网格计算(Grid Computing)的发展,或者说是这些计算机科学概念的商业实现。云计算是虚拟化(Virtualization)、效用计算(Utility Computing)、IaaS(基础设施即服务)、PaaS(平台即服务)、SaaS(软件即服务)等概念混合演进并跃升的结果。

总的来说,云计算可以算作是网格计算的一个商业演化版。我国刘鹏教授早在 2002 年,就针对传统网格计算思路存在不实用问题,提出计算池的概念:"把分散在各地的高性能计算机用高速网络连接起来,用专门设计的中间件软件有机地黏合在一起,以 Web 界面接受各地科学工作者提出的计算请求,并将之分配到合适的节点上运行。计算池能大大提高资源的服务质量和利用率,同时避免跨节点划分应用程序所带来的低效性和复杂性,能够在目前条件下达到实用化要求。"这个理念与当前的云计算非常接近。刘鹏教授当时通过在清华大学、北京大学、中科院计算所等单位的一系列精彩演讲,推动计算池思想的普及,受到广泛关注和接受。

3.2　云计算的特点

3.2.1　超大规模

"云"具有相当的规模,Google 云计算已经拥有 100 多万台服务器,Amazon、IBM、微软、Yahoo 等的"云"均拥有几十万台服务器。企业私有云一般拥有数百上千台服务器。"云"能赋予用户前所未有的计算能力。

3.2.2　虚拟化

云计算支持用户在任意位置使用各种终端获取应用服务。所请求的资源来自"云",而不是固定的有形的实体。应用在"云"中某处运行,但实际上用户无需了解、也不用担心应用运行的具体位置。只需要一台笔记本或者一个手机,就可以通过网络服务来实现我们需要的一切,甚至包括超级计算这样的任务。

3.2.3　高可靠性

"云"使用了数据多副本容错、计算节点同构可互换等措施来保障服务的高可靠性,使用云计算比使用本地计算机可靠。

3.2.4　通用性

云计算不针对特定的应用,在"云"的支撑下可以构造出千变万化的应用,同一个"云"可以同时支撑不同的应用运行。

3.2.5　高可扩展性

"云"的规模可以动态伸缩,满足应用和用户规模增长的需要。

3.2.6　按需服务

"云"是一个庞大的资源池,按需购买;云可以像自来水、电、煤气那样计费。

3.2.7　极其廉价

由于"云"的特殊容错措施,可以采用极其廉价的节点来构成云,"云"的自动化集中式管理使大量企业无需负担日益高昂的数据中心管理成本,"云"的通用性使资源的利用率较之传统系统大幅提升,因此用户可以充分享受"云"的低成本优势,经常只要花费几百美元、几天时间就能完成以前需要数万美元、数月时间才能完成的任务。

云计算可以彻底改变人们未来的生活,但同时也要重视环境问题,这样才能真正为人类进步做贡献,而不是简单的技术提升。

3.2.8　潜在的危险性

云计算服务除了提供计算服务外,还必然提供了存储服务。但是云计算服务当前垄断在私人机构(企业)手中,而他们仅仅能够提供商业信用。政府机构、商业机构(特别像银行这样持有敏感数据的商业机构)对于选择云计算服务应保持足够的警惕。一旦商业用户大规模使用私人机构提供的云计算服务,无论其技术优势有多强,都不可避免地让这些私人机构以"数据(信息)"的重要性挟制整个社会。对于信息社会而言,"信息"是至关重要的。另一方面,云计算中的数据对于数据所有者以外的其他云计算用户是保密的,但是对于提供云计算的商业机构而言确实毫无秘密可言。这就像常人不能监听别人的电话,但是在电讯公司内部,他们可以随时监听任何电话。所有这些潜在的危险,是商业机构和政府机构选择云计算服务、特别是国外机构提供的云计算服务时,不得不考虑的一个重要的前提。

3.3 原理

云计算(Cloud Computing)是分布式计算(Distributed Computing)、并行计算(Parallel Computing)和网格计算(Grid Computing)的发展,或者说是这些计算机科学概念的商业实现。

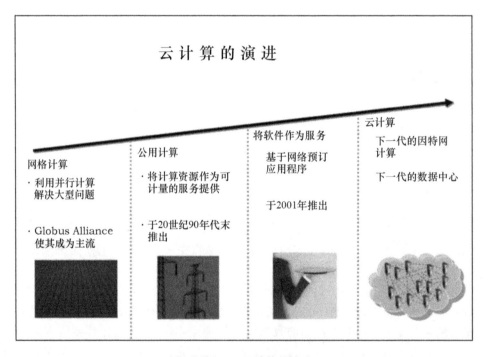

图附录 3.2 云计算的演进

云计算的基本原理是,通过使计算分布在大量的分布式计算机上,而非本地计算机或远程服务器中,企业数据中心的运行与互联网更相似,这使得企业能够将资源切换到需要的应用上,根据需求访问计算机和存储系统。这可是一种革命性的举措,打个比方,这就好比是从古老的单台发电机模式转向了电厂集中供电的模式。它意味着计算能力也可以作为一种商品进行流通,就像煤气、水电一样,取用方便,费用低廉。最大的不同在于,它是通过互联网进行传输的。

云计算的蓝图已经呼之欲出，在未来，只需要一台笔记本或者一个手机，就可以通过网络服务来实现我们需要的一切，甚至包括超级计算这样的任务。从这个角度而言，最终用户才是云计算的真正拥有者。

云计算的应用包含这样的一种思想，把力量联合起来，给其中的每一个成员使用。

3.4　云计算的标准

到底什么是云计算？这是大家比较关注的一个问题。现在我们发现了有很多种不同的说法，到底什么是云，什么不是云，让人很费解。有人讲公有云是云，私有云不是云；还有人说支持虚拟化叫云，不支持虚拟化不叫云，但是 Google 不支持虚拟化，而我们都认为 Google 是云；还有人讲有 1000 台服务器是云，好像 999 台就不是云。现在有个别高性能计算中心，什么都没变，就是名字改成云计算中心。

判断是不是云计算的三条参考标准：

(1)用户所需的资源不在客户端而来自网络。这是云计算的根本理念所在，即通过网络提供用户所需的计算力、存储空间、软件功能和信息服务等。

(2)服务能力具有分钟级或秒级的伸缩能力。如果资源节点服务能力不够，但是网络流量上来，这时候需要平台在一分钟或几分钟之内，自动地动态增加服务节点的数量，从 100 个节点扩展到 150 个节点。能够称之为云计算，就需要足够的资源来应对网络的尖峰流量。过了一阵子，流量下来了，服务节点的数量再随着流量的减少而减少。现在有的传统 IDC 自称也能提供伸缩能力，但需要多个小时之后才能提供给用户。问题是网络流量是不可预期的，不可能等那么久。

(3)具有较之传统模式 5 倍以上的性能价格比优势。看了上面一条，有些人在想，没关系，多配一些机器，流量再大也应付得了。但这不是云计算的理念。我们还有个性能价格比指标。云计算之所以是一种划时代的技术，就是因为它将数量庞大的廉价计算机放进资源池中，用软件容错来降低硬件成本，通过将云计算设施部署在寒冷和电力资源丰富的地区来节省电力成本，通过规模化的共享使用来提高资源利用率。国外代表性云计算平台提供商达到了惊人的 10～40 倍的性能价格比提升。国内由于技术、规模和统一电价等问题，暂时难以达到同等的性能价格比，我们暂时将这个指标定为 5 倍。拥有 256 个节点的中国移动研究院的云计算平台已经达到了 5 到 7 倍的性能价格比提升，其性能价格比随着规模和利用率的提升还有提升空间。

这三条标准相当于三张滤网，可以一层层地滤掉那些不属于云计算范畴的东西。让我们来试试灵不灵——来看看下面这些是不是云计算：

◆PC 系统：第一关过不了，因为用户所需的资源都在客户端，所以不属于云计算范畴。

◆iPhone 应用软件：如果下载到 iPhone 上就能独立运行，与外界只是通信关系，则过不了第一关；如果是依托于网络平台运行，计算和数据资源来自网络，iPhone 端只是个访问界面，则有可能进入云计算范畴。

◆Web 网站：过得了第一关。但如果还过得了可伸缩性这一关，会很难过性能价格比这一关。

◆上网本：能过第一关，但它本身只是个终端，如果只是用于上网，则在传统范畴，如果用于与云计算设施交互，则可划入云计算范畴。

◆广告联盟：难过第二关。将不同网站的广告组织在一起，就构成了广告联盟。发布一个广告，可以出现在众多的网站上。不过，由于公众对广告的点击率不高，广告联盟不需要有太多的可伸缩性，也不容易做到，因为参与者都是众多的小网站。

◆超级计算中心：如果规模够大，勉强能过第二关，但性价比不好，过不了第三关。超级计算机都是很昂贵的，在性价比上没有优势，我们认为不是云。

◆在线 Office：规模化运作后容易达到云计算的要求。例如，今天大家看到的百汇 Office，还有 Google 的 Docs 也是。

◆在线 CRM：规模化运作后容易达到云计算的要求。提供给用户一个月使用成本是几十块钱，这个远远优于我们使用传统模式，是云。

◆IaaS：像亚马逊租用机器的服务，所以这种性价比也非常好，租用一个虚拟机 1 小时只要 0.1 美元，也是云。

◆PaaS：如微软的 Azure，可免费提供 25 GB 的存储空间，必定有非常好的性价比，也是云。

◆云安全：规模化运作后容易达到云计算的要求。比如 360 安全卫士，提供给用户完全免费的服务，之所以能够这样，是因为有很高的性价比。

3.5　云计算的几大形式

3.5.1　SaaS(软件即服务)

这种类型的云计算通过浏览器把程序传给成千上万的用户。在用户眼中看来，这样会省去在服务器和软件授权上的开支；从供应商角度来看，这样只需要维持一个程序就够了，这样能够减少成本。SaaS 在人力资源管理程序和 ERP 中比较常用。Google Apps 和 Zoho Office 也是类似的服务。

3.5.2　效用计算(Utility Computing)

这个主意很早就有了，但是直到最近才在 Sun、IBM 和其他提供存储服务和虚拟服务器的公司中实现。这种云计算是为 IT 行业创造虚拟的数据中心，使得其能够把内存、I/O 设备、存储和计算能力集中起来成为一个虚拟的资源池来为整个网络提供服务。

3.5.3　网络服务

同 SaaS 关系密切，网络服务提供者们能够提供 API 让开发者能够开发更多基于互联网的应用，而不是提供单机程序。

3.5.4　平台即服务

另一种 SaaS，这种形式的云计算把开发环境作为一种服务来提供。您可以使用中间商的设备来开发自己的程序并通过互联网和其服务器传到用户手中。

3.5.5 MSP(管理服务提供商)

最古老的云计算应用之一。这种应用更多的是面向 IT 行业而不是终端用户,常用于邮件病毒扫描、程序监控等等。

3.5.6 商业服务平台

SaaS 和 MSP 的混合应用,该类云计算为用户和提供商之间的互动提供了一个平台。比如用户个人开支管理系统,能够根据用户的设置来管理其开支并协调其订购的各种服务。

3.5.7 互联网整合

将互联网上提供类似服务的公司整合起来,以便用户能够更方便地比较和选择自己的服务供应商。

3.6 云计算的显著特点

3.6.1 数据安全可靠

首先,云计算提供了最可靠、最安全的数据存储中心,用户不用再担心数据丢失、病毒入侵等麻烦。

很多人觉得数据只有保存在自己看得见、摸得着的电脑里才最安全,其实不然。您的电脑可能会因为自己不小心而被损坏,或者被病毒攻击,导致硬盘上的数据无法恢复,而有机会接触您的电脑的不法之徒则可能利用各种机会窃取您的数据。

反之,当您的文档保存在类似 Google Docs 的网络服务上,当您把自己的照片上传到类似 Google Picasa Web 的网络相册里,您就再也不用担心数据的丢失或损坏。因为在"云"的另一端,有全世界最专业的团队来帮您管理信息,有全世界最先进的数据中心来帮您保存数据。同时,严格的权限管理策略可以帮助您放心地与您指定的人共享数据。这样,您不用花钱就可以享受到最好、最安全的服务,甚至比在银行里存钱还方便。

3.6.2 客户端需求低

其次,云计算对用户端的设备要求最低,使用起来也最方便。

大家都有过维护个人电脑上种类繁多的应用软件的经历。为了使用某个最新的操作系统,或使用某个软件的最新版本,我们必须不断升级自己的电脑硬件。为了打开朋友发来的某种格式的文档,我们不得不疯狂寻找并下载某个应用软件。为了防止在下载时引入病毒,我们不得不安装杀毒和防火墙软件。所有这些麻烦事加在一起,对于一个刚刚接触计算机、刚刚接触网络的新手来说不啻一场噩梦! 如果您再也无法忍受这样的电脑使用体验,云计算也许是您的最好选择。您只要有一台可以上网的电脑,有一个您喜欢的浏览器,您要做的就是在浏览器中键入 URL ,然后尽情享受云计算带给您的无限乐趣。

您可以在浏览器中直接编辑存储在"云"的另一端的文档,您可以随时与朋友分享信息,再也不用担心您的软件是否是最新版本,再也不用为软件或文档染上病毒而发愁。因为在"云"的另一端,有专业的 IT 人员帮您维护硬件,帮您安装和升级软件,帮您防范病毒和各类网络攻击,帮您做您以前在个人电脑上所做的一切。

3.6.3 轻松共享数据

此外,云计算可以轻松实现不同设备间的数据与应用共享。

大家不妨回想一下,您自己的联系人信息是如何保存的。一个最常见的情形是,您的手机里存储了几百个联系人的电话号码,您的个人电脑或笔记本电脑里则存储了几百个电子邮件地址。为了方便在出差时发邮件,您不得不在个人电脑和笔记本电脑之间定期同步联系人信息。买了新的手机后,您不得不在旧手机和新手机之间同步电话号码。

对了,还有您的 PDA 以及您办公室里的电脑。考虑到不同设备的数据同步方法种类繁多,操作复杂,要在这许多不同的设备之间保存和维护最新的一份联系人信息,您必须为此付出大量的时间和精力。这时,您需要用云计算来让一切都变得更简单。在云计算的网络应用模式中,数据只有一份,保存在"云"的另一端,您的所有电子设备只需要连接互联网,就可以同时访问和使用同一份数据。

仍然以联系人信息的管理为例,当您使用网络服务来管理所有联系人的信息后,您可以在任何地方用任何一台电脑找到某个朋友的电子邮件地址,可以在任何一部手机上直接拨通朋友的电话号码,也可以把某个联系人的电子名片快速分享给好几个朋友。当然,这一切都是在严格的安全管理机制下进行的,只有对数据拥有访问权限的人,才可以使用或与他人分享这份数据。

3.6.4 可能无限多

最后,云计算为我们使用网络提供了几乎无限多的可能,为存储和管理数据提供了几乎无限多的空间,也为我们完成各类应用提供了几乎无限强大的计算能力。想像一下,当您驾车出游的时候,只要用手机连入网络,就可以直接看到自己所在地区的卫星地图和实时的交通状况,可以快速查询自己预设的行车路线,可以请网络上的好友推荐附近最好的景区和餐馆,可以快速预订目的地的宾馆,还可以把自己刚刚拍摄的照片或视频剪辑分享给远方的亲友。

离开了云计算,单单使用个人电脑或手机上的客户端应用,我们是无法享受这些便捷的。个人电脑或其他电子设备不可能提供无限量的存储空间和计算能力,但在"云"的另一端,由数千台、数万台甚至更多服务器组成的庞大的集群却可以轻易地做到这一点。个人和单个设备的能力是有限的,但云计算的潜力却几乎是无限的。当您把最常用的数据和最重要的功能都放在"云"上时,我们相信,您对电脑、应用软件乃至网络的认识会有翻天覆地的变化,您的生活也会因此而改变。

互联网的精神实质是自由、平等和分享。作为一种最能体现互联网精神的计算模型,云计算必将在不远的将来展示出强大的生命力,并将从多个方面改变我们的工作和生活。无论是普通网络用户,还是企业员工;无论是 IT 管理者,还是软件开发人员,他们都能亲身体验到这种改变。

3.7　云计算的发展现状

3.7.1　Amazon

Amazon 使用弹性计算云(EC2)和简单存储服务(S3)为企业提供计算和存储服务。收费的服务项目包括存储服务器、带宽、CPU 资源以及月租费。月租费与电话月租费类似,存储服务器、带宽按容量收费,CPU 根据时长(小时)运算量收费。Amazon 把云计算做成一个大生意花了不到两年时间,Amazon 上的注册开发人员达 44 万人,还有为数众多的企业级用户。有第三方统计机构提供的数据显示,Amazon 与云计算相关的业务收入已达 1 亿美元。云计算是 Amazon 增长最快的业务之一。

3.7.2　Google

Google 当数最大的云计算的使用者。Google 搜索引擎就建立在分布在 200 多个地点、超过 100 万台服务器的支撑之上,这些设施的数量正在迅猛增长。Google 地球、地图、Gmail、Docs 等也同样使用了这些基础设施。采用 Google Docs 之类的应用,用户数据会保存在互联网上的某个位置,可以通过任何一个与互联网相连的系统十分便利地访问这些数据。目前,Google 已经允许第三方在 Google 的云计算中通过 Google App Engine 运行大型并行应用程序。Google 值得称颂的是它不保守。它早已以发表学术论文的形式公开其云计算三大法宝:GFS、MapReduce 和 BigTable,并在美国、中国等高校开设如何进行云计算编程的课程。

3.7.3　IBM

IBM 在 2007 年 11 月推出了"改变游戏规则"的"蓝云"计算平台,为客户带来即买即用的云计算平台。它包括一系列的自动化、自我管理和自我修复的虚拟化云计算软件,使来自全球的应用可以访问分布式的大型服务器池,使得数据中心在类似于互联网的环境下运行计算。IBM 正在与 17 个欧洲组织合作开展云计算项目。欧盟提供了 1.7 亿欧元作为部分资金。该计划名为 RESERVOIR,以"无障碍的资源和服务虚拟化"为口号。2008 年 8 月,IBM 宣布将投资约 4 亿美元用于其设在北卡罗来纳州和日本东京的云计算数据中心改造。IBM 计划在 2009 年在 10 个国家投资 3 亿美元建 13 个云计算中心。

3.7.4　微软

微软紧跟云计算步伐,于 2008 年 10 月推出了 Windows Azure 操作系统。Azure(译为"蓝天")是继 Windows 取代 DOS 之后,微软的又一次颠覆性转型——通过在互联网架构上打造新云计算平台,让 Windows 真正由 PC 延伸到"蓝天"上。微软拥有全世界数以亿计的 Windows 用户桌面和浏览器,现在它将它们连接到"蓝天"上。Azure 的底层是微软全球基础服务系统,由遍布全球的第四代数据中心构成。

3.7.5　2015 年云计算市场回顾

政策利好助推云计算市场规模持续扩大

2015 年中国云计算市场全面开花,国内 IT 企业纷纷向云计算转型,云计算不再是新颖的概念,再加上移动互联网对传统行业的颠覆性影响,中国用户"云化"需求快速提升。在《国务院关于促进云计算创新发展培育信息产业新业态的意见》《国务院关于积极推进"互联网＋"行动的指导意见》《云计算综合标准化体系建设指南》等相关利好政策的推动下,我国云计算市场的创新活力得到充分释放,市场规模进一步扩大。根据云计算市场2015 年 1 月至 11 月发展情况,赛迪顾问预测 2015 年云计算市场整体规模可达到 2030.0亿元,同比增长 54.3％。2012～2015 年,我国云计算市场保持高速增长态势,年均复合增长率高达 61.5％。

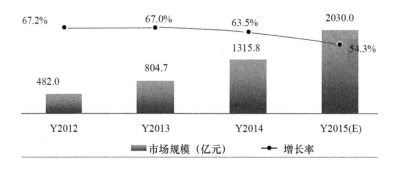

图附录 3.3　2012～2015 年中国云计算市场规模

移动化趋势激活企业级移动云服务需求

云计算领域的服务模式中,SaaS 模式作为企业级服务最主要的形态,受到全球 IT 巨头的关注,Oracle、IBM、微软、SAP 等大厂商纷纷通过收购开展全产品布局战略,以确保其在企业级服务市场的话语权。根据云计算市场 2015 年 1 月至 11 月发展情况,赛迪顾问预测 2015 年我国企业级 SaaS 市场规模可达 185.7 亿元。

随着移动互联网浪潮、"互联网＋"时代的到来,移动智能终端全面普及,使得企业移动办公、降低管理成本的需求开始释放,企业级移动 SaaS 服务受到越来越多企业的认可。由云计算催生的 SaaS 模式,有效激活了企业级移动应用需求,我国软件服务商也开始开展企业移动云服务的布局。2015 年,企业级移动 SaaS 服务成为云计算领域的创新亮点,SaaS 服务商纷纷在移动化产品研发和推广方面加大投入,移动 SaaS 服务逐步向各个行业、领域渗透,基于云端的移动医疗、交通、教育不断落地、成熟。

开源和容器技术催生云计算市场新热点

随着云计算市场的持续火热,技术研发投入不断扩大,以 OpenStack 为代表的开源云、以 Docker 为代表的容器技术等技术热点涌现,对于云计算市场的竞争格局及竞争点产生了巨大的影响。

"开放式创新"是开源的精髓,越来越多地受到企业的重视,而开源技术与云计算的结合,为云计算产业注入了新鲜血液,逐步改变着云计算的市场格局。目前阿里、腾讯、华为、华胜天成等越来越多的云服务企业开始使用开源云平台,深度参与了 OpenStack 等众多开源云计算项目,中国开源云市场迎来繁荣时机。2015 年以 Docker 为代表的容器技术受到业界的高度关注,微软、IBM 等 IT 巨头纷纷向其寻求战略合作,大多数的主流云厂商已经宣布提供对 Docker 及其生态系统的支持。容器技术具备融合 DevOps 的敏捷特性,给云计算市场特别是 PaaS 市场带来了新的变革力量。

巨头加快云计算布局促成三足鼎立之势

2015 年中国云计算市场风起云涌,各方纷纷利用其优势,加快中国云计算市场布局的步伐,目前市场已形成三足鼎立之势,即全球 IT 巨头(亚马逊、IBM、微软、SAP 等)、国内互联网巨头(百度、阿里、腾讯、金山等),以及电信运营商(中国电信、中国移动、中国联通)。

亚马逊、微软、IBM、SAP 等全球 IT 巨头与国内 IDC 厂商建立战略联盟,利用其技术优势及市场影响力,布局中国云计算市场,占据一席之地;BAT 以及金山等国内互联网巨头,在充分发挥其互联网资源优势的基础上,采用低价格战略,向企业级市场渗透;基于强大的带宽、IDC、政企客户资源,以及技术、运营实力,移动、电信、联通三大运营商先后推出"大云""天翼云""沃云"品牌,强势进入我国云计算市场,在基础数据中心建设方面已领先于 IT 巨头和互联网巨头。

创新创业应用成为云计算市场新增长点

云计算能够让企业不必在信息技术设备和软件上大量投资,低成本按需使用强大的信息资源,为大众创业、万众创新提供了坚实的基础平台,能够有效降低创新创业门槛。

在公共云服务能力方面,阿里巴巴、百度、腾讯等互联网企业的云平台服务数百万中小企业和数亿用户。2015 年阿里云生态创造的就业机会约 120 万,其中七成以上为创业型企业。云计算已经成为我国社会创新创业的重要基础平台,有效驱动了社会创新创业,而社会创新创业也为云计算应用市场孕育和催生了更多新机遇,应用市场需求旺盛。

3.7.6 云计算市场发展趋势

垂直领域融合加深将带动云计算市场迅猛发展

在中国经济新常态的背景下,随着"互联网+"战略及"中国制造 2025"的不断推进,各行业转型升级的迫切性不断提升,未来云计算与各领域的融合将不断加深,通过构建超大体量的云生态系统,以满足不同传统企业的转型需求,助推行业转型发展。2015 年,中国 IT 巨头纷纷开展垂直行业的云应用布局,其中华为宣布对外发布面向金融、媒资、城市及公共服务、园区、软件开发等多个垂直行业的企业云服务解决方案。

由此可以看出,未来云计算服务商将不断加深与各垂直领域的融合,将开拓更大的云计算服务空间。另一方面,相较于美国等发达国家,我国云计算市场规模仍较小,云计算应用领域及渗透深度有很大的空间。

智慧城市与工业将成为云计算落地的重要载体

近几年,智慧城市领域的战略性部署陆续出台,各省市纷纷将智慧城市建设作为重要战略任务,大力发展政务云、城市云、教育云、医疗云等,而在未来较长时间内,发展智慧城市仍将作为我国的重要国家战略。智慧城市的兴起,不但为城市建设带来了革新,也为以云计算为代表的信息技术产业带来了机遇。作为云计算应用的一个重要领域,智慧城市将催化云计算应用的落地与推广,因此随着智慧城市建设的全面铺开,作为撬动智慧城市发展的支点,云计算将面临巨大的市场需求。

随着工业 4.0、中国制造 2025、工业互联网等概念的兴起,面向工业领域的"工业云"也将迎来迅速发展阶段。中国制造 2025 最终目标是实现云计算、大数据、互联网与传统制造业的深度融合,云计算作为我国信息化的重要形态,将有力推动传统工业的转型升级,而深度融合过程中,工业领域也将为云计算市场带来创新活力,成为撬动云计算市场的重要助力。

安全即服务或将开启开放云时代的安全攻坚战

随着云计算和移动互联网的普及,越来越多的业务在云端开展,越来越多的数据在云端存储,用户数据泄露或丢失是云计算信息安全面临的巨大的安全风险。而基于漏洞、病毒、未知威胁的 APT 攻击、0Day 攻击会越来越频繁和智能化,安全防护工作难度系数增加。

越来越多的企业已开始关注云领域的安全服务,云计算服务商也纷纷采用加大云安全产品的投入,提高产品的可用性、智能性、安全性。亚信安全 2016 合作伙伴峰会上,浪潮将云安全放在云计算的重要位置,提出"下一站,安全即服务",将与亚信持续携手创新,构建安全即服务的云安全。可以看出,各方已注意到安全即服务领域的市场需求,未来该领域或将成为云计算开放时代的一大战场。

安全扩展兼顾将促使混合云成云计算市场主力

混合云是把公有云和私有云的优点融于一体的更具功能性的解决方案,同时解决公有云的安全和可控制问题,以及私有云的成本高、弹性扩展不足问题,混合云技术的灵活性可以将工作负载极大地提高。例如,在教育领域,混合云可以有效整合、协同校内和校外业务资源,灵活转化存储空间,提高灵活性,并可满足移动化需求。

目前,越来越多的企业将云计算运用到公司经营管理中,基于控制、安全、扩展方面的考虑,很多大型企业希望私有云和公有云能够顺畅对接、自由切换,因此将对混合云架构产生巨大需求。混合云的优势将使其迅速普及,涉及的范围不断扩大,未来将覆盖政务、广电、医疗、安防、银行等行业领域,成为云计算市场的主力。

超融合概念升温将使云计算市场孕育新爆发点

2015 年"超融合架构"成为云计算最火的概念之一,超融合具有部署时间段、运维成本低、灵活性和可扩展性高的优势,市场潜力巨大。各大巨头嗅到机会后纷纷进入超融合领域,联想云推出 ThinkCloud AIO 超融合云一体机,形成了超融合与云存储双线出击云计算领域的战略;甲骨文布局云计算,提出从底层到上层全堆栈的超融合战略。

而中国超融合产业联盟的正式成立,将促进 IT 厂商之间的资源共享、产业联盟和战略合作,推动超融合产品的创新、应用场景的多元化和服务体系的成熟。随着企业级客户对超融合认可度和信任度的提升,超融合市场将出现爆发性的增长。

附录 4　信息安全基础

随着计算机网络的不断发展,全球信息化已经成为人类发展的大趋势,资源共享广泛应用于政治、军事、经济以及人们生活的各个领域,网络用户的来源遍及社会各个阶层与部门。但在信息技术迅速发展的同时,也面临着更加严峻的安全问题,例如,信息泄露、网络攻击、计算机病毒等,因此信息安全已经成为一个全社会关注的问题。本章介绍了信息系统中的主要安全问题及相关的加密技术,并重点介绍了计算机病毒的原理及防范措施和黑客攻击手段与防范。同时也必须加强信息安全教育,高度重视信息安全和网络安全,这样才能确保网络信息的保密性、完整性和可用性。

4.1　信息安全技术

4.1.1　信息安全的概念

在信息时代,信息是社会的特征,信息安全是一门涉及计算机科学、网络技术、通信技术、密码技术、信息安全技术、应用数学、数论、信息论等多种学科的综合性学科,并且关系到国家安全和主权、社会的稳定、民族文化的继承与发扬和人们的日常生活。其重要性,正随着全球信息化步伐的加快越来越突显出来。信息安全有两层含义:信息(数据)本身的安全和信息系统的安全。

信息的安全

信息的安全是指保证对所处理数据的保密性、完整性和可用性。主要包括用户口令、用户权限、数据库存取控制,安全审计、安全问题跟踪,计算机病毒防治等;保护数据的保密性、真实性和完整性,避免意外损失或丢失,避免非法用户的窃听、冒充、欺骗等行为;保证信息传播的安全,防止和控制非法、有害信息的传播,维护社会道德、法规和国家利益。

信息系统的安全

信息系统的安全是指构成信息系统的 3 大要素的安全,即信息基础设施安全、信息资源安全和信息管理安全。主要包括计算机机房的安全、硬件系统的可靠运行和安全、数据库系统安全等。它重在保证系统正常运行,避免因系统故障而对系统存储、处理和传输信息造成破坏和损失,避免信息泄露,避免干扰他人。

信息安全的基本属性体现在以下几个方面。

(1)完整性。完整性(integrity)是指信息在存储或传输的过程中保证数据的一致性,防止数据被非法用户篡改。对于军事信息来说,完整性的破坏可能就意味着延误战机。破坏信息的完整性是对信息安全发动攻击的最终目的。

(2)可用性。可用性(availability)是指信息可被合法用户访问并按需求使用的特征,保证合法用户在需要时可以使用所需的信息。它是信息系统面向用户的安全性能,对可用性的攻击就是阻断信息的使用性,例如,破坏网络和有关系统的正常运行等。

(3)保密性。保密性(confidentiality)是指信息不泄露给非授权的个人和实体的特征,以防止被非法利用。军用信息的安全尤为注重信息的保密性(相比较而言,商用信息则更注重于信息的完整性)。

(4)可控性。可控性(controllability)是指授权机构可以随时控制信息的机密性。"密钥托管""密钥恢复"等措施就是实现信息安全的可控性例子。

(5)可靠性。可靠性(reliability)是指对信息的来源进行判断,能对伪造来源的信息予以鉴别并且能够对信息在规定条件下和规定时间内完成规定操作的特征。可靠性是信息安全的最基本要求之一。

(6)不可抵赖性(non-repudiation)。不可抵赖性也称不可否性,在信息交换过程中,确定参加者的真实同一性,即所有参与者都不可否认或抵赖曾经完成的操作和承诺。利用信息源证据可以防止发信方否认已发送信息,利用递交接受证据可以防止收信方事后否认已经接受信息。这一点在电子商务中是极其重要的。

(7)可审查性。可审查性是指对出现的网络安全问题能够提供调查的依据和手段。

4.1.2 信息安全面临的主要威胁

所有计算机信息系统都会有不同程度的缺陷(vulnerabilities),会面临或多或少的威胁和风险,也会因此遭受或大或小的损害。信息安全所面临的威胁,主要来源于物理环境的安全、信息系统自身的缺陷以及人为的威胁与攻击。

物理环境

物理环境的安全问题,主要包括自然灾害、辐射、电力系统故障、蓄意破坏等造成的自然的或意外的事故。例如,地震、火灾、水灾、雷击、有害气体、静电等对计算机系统的损害;电力系统停电、电压突变、死机,导致网络通信中断、网络数据丢失和损失;人为偷窃或蓄意破坏计算机系统设备;战争造成的破坏。

信息系统自身缺陷

信息系统自身的安全问题包括硬件系统、操作系统、网络和通信协议的缺陷等。

硬件系统的安全隐患主要来源于设计。例如,硬盘故障、电源故障或主板芯片的故障;在 BIOS 设计中,保留的万能密码等。在组装和生产计算机或者选购硬件的过程中,应该考虑可靠性和安全性,尽量消除各种安全隐患。

软件系统的安全隐患主要来源于设计和软件工程的遗留问题。包括操作系统、应用软件、数据库管理系统以及网络通信协议的安全问题。

软件不可能是百分之百的无缺陷和无漏洞。例如,Windows 2000/XP、IE、Office 等操作系统或软件,不断发现各种安全漏洞,成为黑客进行攻击的首选目标,造成网络系统瘫痪或数据损失。作为因特网核心技术的 TCP/IP 软件,也存在不少的安全隐患。另外,软件的"后门"都是软件公司的设计编程人员为了自身方便而设置的,一般不为外人所知,可是一旦"后门"公开,其造成的后果将不堪设想。

人为因素

人为因素主要包括内部攻击和外部攻击两大类。

（1）内部攻击指系统合法用户非故意或非授权方式操作，造成的隐患或破坏。例如，内部人员或外部人员勾结犯罪；口令管理混乱、密码泄露造成的安全隐患；内部人员违规操作，造成网络或站点阻塞甚至系统瘫痪；内部人员误操作，造成硬盘分区格式化，导致文件或数据文件的丢失。

（2）外部攻击指来自环境外部的非法用户攻击，人为的恶意攻击是计算机网络所面临的最大威胁，敌意的攻击和计算机犯罪就属于这一类。例如，搭线或截取辐射，窃取或篡改传输数据；冒充授权用户身份、冒充系统组成部分，或者利用系统漏洞侵入系统，窃取数据，破坏系统安全。

4.1.3　信息安全评价标准

计算机信息系统安全产品种类繁多，功能也各不相同，为了更好地对其安全性进行客观评价，满足用户对安全功能和保护措施的多种需求，也便于同类安全产品进行比较，许多国家都分别制定了各自的信息安全评价标准。典型的信息安全评价标准主要有美国国防部颁发的《可信计算机系统评价标准》；欧洲的德国、法国、英国、荷兰 4 国联合颁布的《信息技术安全评价标准》；加拿大颁布的《可信计算机产品评价标准》；中国国家质量技术监督局颁布的《计算机信息系统安全保护等级划分准则》。

4.2　信息加密技术

在计算机网络环境下很难做到对敏感性数据的阻隔，一种解决方法就是设法做到即使攻击者获得了数据，仍无法理解其包含的含义，以便达到保密的目的，这种技术就是信息加密技术。信息加密是所有信息安全技术的核心，这种技术是利用数学或物理手段，对电子信息在传输过程中和存储器内进行保护，以防止泄露的技术。通信过程中的加密主要是采用密码，也可利用计算机加密算法改变信息的内容。存储在计算机中的信息保护一般以软件加密为主，由于计算机软件的非法复制、揭秘及盗版问题日益严重，因此各国已经意识到信息加密技术的重要性，加大力度研究信息加密技术。

4.2.1　密码学的基本原理

密码学是一门古老、深奥的学科。大概自人类社会出现战争时便产生了密码，以后逐渐形成一门独立的学科。在密码学形成和发展的历程中，科学技术的发展和战争的刺激起了积极的推动作用。电子计算机一出现便被用于密码破译，计算机对密码学的发展产生了巨大的影响和推动。1949 年，信息论的创始人香龙（C. E. Shannon）发表了题为《保密系统的通信理论》的著名论文，论证了一般经典加密方法都是可以破解的。到了 20 世纪 60 年代，随着电子技术、理论信息技术的发展及结构代数、可计算性理论和复杂度理论的研究，密码学又进入了一个新的时期。

在 20 世纪 70 年代，密码学的研究出现了两大成果，一个是 1977 年美国国家标准局（NBS）颁布的联邦数据加密标准（DES），另一个是 1976 年由 Diffie 和 Hellman 提供的公钥密码体制的概念。DES 将传统的密码学发展到了一个新的高度，而公钥密码体制的提出被公认为是实现现代密码学的基石。这两大成果已成为近代密码学发展史上的两个重要里程碑。

通用的数据加密模型如图附录 4.1 所示.

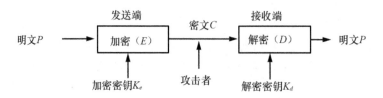

图附录 4.1　通用的数据加密模型

由图附录 4.1 可见,加密算法实际上是完成其函数 $C = f(P, K_e)$ 的运算。对于一个确定的加密密钥 K_e,加密过程可看作是只有一个自变量的函数,记作 E_k,称为加密变换。因此加密过程也可记为 $C = E_k(P)$,即加密变换作用到明文 P 后得到密文 C。

同样,解密算法也是完成某种函数 $P = g(K_d, C)$ 的运算,对于一个确定的解密密钥 K_d 来说,解密过程可记为 $P = D_k(C)$,其中,D_k 称为解密变换,D_k 作用于密文 C 后得到明文 P。

由此可见,密文 C 经解密后还原成原来的明文,必须有

$$P = D_k(E_k(p)) = D_k \cdot \partial E_k(P)$$

此处"·"是复合运算,由此要求:

$$D_k \partial E_k = I$$

在此 I 为恒等变换,表明 D_k 与 E_k 是互逆变换。

如果在传输过程中,攻击者截获密文,但是没有密钥,则不能容易地阅读文件。在这种工作方式下,加密的算法不变,而密钥不断变化。因此,解密者可以通过各种破解密码的算法算出密码,得到原文。密码的长度决定破解密码的困难长度。位数越多,则破解的难度越大。例如,128 位的密码,有 2^{128} 种可能,破解非常困难。

信息加密就是以很小的代价提供很大的安全保护。据不完全统计,到目前为止,已经公开发表的各种加密算法多达数百种。一个设计良好的加密、解密算法应该保证只有知道密钥才能在明文跟密文之间转换,而且知道明文和密文也不能算出或猜出密钥。如果按照收发双方密钥是否相同来分类,可以将这些加密算法分为对称密钥体系和非对称密钥体系。

4.2.2　对称密钥密码体系

对称密钥密码体系的基本思想

对称加密也称为传统加密,是 20 世纪 70 年代公钥密码出现之前仅有的加密类型。迄今为止,它仍然是使用最为广泛的两种加密类型之一。其基本思想就是"加密密钥和解密密钥相同或相近",由其中一个可推导出另一个。使用时两个密钥均需保密,因此该体系也叫单密钥密码体系或私有密钥密码体系。对称密钥密码体系模型如图附录 4.2 所示。

对称密钥密码体系的工作流程是:假设 A 和 B 是两个系统,二者决定进行保密通信;

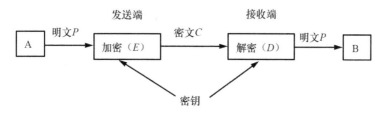

图附录 4.2　对称密钥密码体系模型

A 和 B 通过某种方式获得了一个可共用的密钥,该密钥只有 A 和 B 知道,其他用户都不知道;A 或 B 通过使用该密钥加密发送给对方的信息,只有对方可以解密信息,其他用户均无法解密该信息,这样就达到了信息传输的保密性目的。

对称密钥的优点是有很强的保密强度,并且经受住了时间的检验和攻击,但其密钥必须通过安全的途径传送。因此,其密钥管理成为系统安全的重要因素。

数据加密标准 DES

由 IBM 公司开发的数据加密标准(Data Encryption Standard,DES 算法),于 1977 年被美国政府定为非机密数据的数据加密标准。DES 算法是第一个向公众公开的加密算术,也是迄今为止应用最广泛的一种商用数据加密方案。

DES 算法是最具有代表性的分组加密算法。它将明文 64 bit 分组,输入的每一组明文在密钥控制下,也生成 64 bit 的密文。密钥的长度是 64 bit,其中有 8 bit 奇偶校验,因此密钥的有效长度为 56 bit。DES 的整个体制是公开的,系统的安全性完全依赖于密钥的保密性。

DES 的特点及应用

(1)DES 算法的特点。DES 算法具有算法容易实现、速度快、通用性强等优点;但也有密钥位数少、保密强度较差和密钥管理复杂等缺点。

(2)DES 的主要应用。

①计算机网络通信。对计算机网络通信中的数据提供保护是 DES 的一项重要应用,但这些保护的数据一般只限于民用敏感信息,即不在政府确定的保密范围之内的信息。

②电子资金传送系统。采用 DES 的方法加密电子资金传送系统中的信息,可准确、快速地传送数据,并可较好地解决信息安全的问题。

③保护用户文件。用户可自选密钥,用 DES 算法对重要文件加密,防止未授权用户窃密。

④用户识别。DES 还可用于计算机用户识别系统中。

4.2.3　非对称密钥密码体系

非对称密钥密码体系的基本思想

美国斯坦福大学的两名学者 W. Diffie 和 M. Hellman 于 1976 年在 *IEEE Trans. On Information* 杂志上发表的文章 *New Direction in Cryptography* 中,首次提出了"公开密钥密码体系"的概念,开创了密码学研究的新方向。公开密钥密码体系的产生主要有两个方面的原因:一是对称密钥密码体系的密钥分配问题,二是对数字签名的需求。

与对称密钥加密方法不同,公开密钥密码系统采用两个不同的密钥来对信息进行加密和解密,也称为"非对称式加密方法"。由于加密密钥与解密密钥不同,且由其中一个不容易得到另一个,往往其中一个密钥是公开的,另一个是保密的,因此我们将这种密钥体系称为公开密钥密码体系。通常,在这种密码体系中,加密密钥是公开的,解密密钥是保密的,加密和解密算法都是公开的。每个用户都有一个对外公开的加密密钥 K_e(称为公钥)和对外保密的解密密钥 K_d(称为私钥)。

虽然理论上解密密钥可由加密密钥推算出来,但这种算法设计在实际中是不可能的;或者虽然能够由加密密钥推算出解密密钥,但要花费很长的时间,因此不可行,所以,将加密密钥公开也不会危害密钥的安全。公开密钥加密算法和解密算法都是公开的。虽然保密密钥是由公开密钥决定的,但却不能由公开密钥计算出来。

公钥密码的优点是可以适应网络的开发性要求,且密钥管理问题也较为简单,尤其可方便地实现数字签名和验证,但其算法复杂,加密数据的速率较低。尽管如此,随着电子技术和密码技术的发展,公钥密码算法将是一种很有前途的网络安全加密体制。

RSA 算法

目前,最著名、应用最广泛的非对称密钥密码算法是 RSA,它是由美国麻省理工学院(MIT)的 3 位科学家 Rivest、Shamir 和 Adleman 于 1976 年提出的,故名 RSA,并在 1978年正式发表。RSA 是非对称密钥体系最具有典型意义的算法,它能抵抗到目前为止已知的所有密码攻击。这种算法的运算非常复杂,速度也很慢,主要是利用了数学上很难分解两大素数乘积的原理。

在此不介绍 RSA 的理论基础(复杂的数学分析和理论推导),只简单介绍其密钥的选取和加密、解密的实现过程。假设用户 A 在系统中要进行数据加密解密,则可根据以下步骤选择密钥和进行密码变换。

(1)随机地选取两个不同的大素数 p 和 g(一般为 100 位以上的十进制数)予以保密。

(2)计算 $n = p \partial q$,作为 A 的公开模数。

(3)计算 Euler 函数:
$$f(n) = (p-1)\partial(q-1) \bmod n$$

(4)随机地选取一个与 $(p-1)\partial(q-1)$ 互素的整数 e,且 $e < f(n)$,作为 A 的公开密钥。

(5)用欧几里德算法,计算满足同余方程:
$$e\partial d\hat{o}(\bmod f(n))$$
的解 d,作为 A 用户的保密密钥。

(6)任何向 A 发送明文的用户,均可用 A 的公开密钥 e 和公开模数 n,根据式
$$C = M^e (\bmod n)$$
计算出密文 C。

(7)用户 A 收到 C 后,可利用自己的保密密钥 d,根据式
$$M = C'(\bmod n)$$
还原出明文 M。

现以 RSA 算法为例,对明文 HI 进行加密。

(1)选择密钥。设 $p=5,q=11$,则
$$n=55, f(n)=40$$
取 $e=3$(公钥),根据 $e\partial d\hat{o}(\mod f(n))$,则可得
$$d=27(私钥)$$
(2)加密。设明文缩码为:空格 $=00, A=01, B=02, \cdots, Z=26$,则明文 $HI=0809$
$$C_1=(08)^3 \mod 55=17$$
$$C_2=(09)^3 \mod 55=14$$
即 $Q=17, N=14$。所以,HI 的密文为 QN。

(3)恢复明文。
$$M_1=C^d \mod n=(17)^{27} \mod 55=08$$
$$M_2=C^d \mod n=(14)^{27} \mod 55=09$$
因此,明文为 HI。

RSA 算法的特点和应用

RSA 算法具有密钥管理简单(网上每个用户仅需要保密一个密钥,且不需配送密钥)、便于数字签名、可靠性较高(取决于分解大素数的难易程度)等优点,但也具有算法复杂、加密、解密速度慢、难于用硬件实现等缺点。因此,非对称密钥密码体系通常被用来加密关键性的、核心的、少量的机密信息,而对于大量要加密的数据通常采用对称密钥密码体系。

RSA 算法的安全性建立在难以对大整数提取因子的基础上,已知的证据都表明大整数因式分解问题是一个极其困难的问题,但是随着分解大整数方法的进步及完善、计算机速度的提高以及计算机网络的发展,要求作为 RSA 加密、解密安全保障的大整数越来越大。

RSA 算法的保密性取决于对大整数因式分解的时间。假定用 10^6 次/秒的计算机进行运算,用最快的公式分解 $n=100$ 位十进制数要用 74 年,分解 200 位数则年限更长。可见,当 n 足够大时,对其进行分解是很困难的。可以说,RSA 的保密强度等价于分解 n 的难易程度。

RSA 算法为公用网络上信息的加密和鉴别提供了一种基本的方法。它通常事先生成一对 RSA 密钥,其中一个是保密密钥,由用户保存;另一个为公开密钥,对外公开,甚至可在网络服务器中注册。

4.3　计算机病毒及其防治

计算机病毒的产生是计算机技术和以计算机为核心的社会信息化进程发展到一定阶段的必然产物。随着 Internet 的普及,越来越多的计算机连接到 Internet 上,计算机病毒制造者开始将 Internet 作为计算机病毒的主要传播载体。前几年的"熊猫烧香"和"鬼影"病毒就是充分利用了 Internet 的特点,在短短几天之内就造成了全球范围的病毒事件。计算机病毒对计算机及网络的攻击与日俱增,而且破坏性日益严重。如何防止病毒的破坏,保证数据的安全性,成为当今计算机研制人员和应用人员所面临的重大问题。但在计

算机病毒与防止病毒的战争中,正义的一方并没有占据明显的优势。

4.3.1　计算机病毒概述

1983 年 11 月,美国学者 F. Colon 第一次从科学的角度提出"计算机病毒"这一概念。"计算机病毒(Computer Virus)"与医学上的"病毒"不同,它不是天然存在的,而是一种由某些"特殊人才"特制的程序,不独立以文件形式存在,利用计算机软、硬件所固有的脆弱性,通过非授权入侵而隐藏在可执行程序或数据文件中,具有自我复制能力,可通过软盘或网络传播到其他机器上,并造成计算机系统运行失常或导致整个系统瘫痪。

我国于 1994 年 2 月 18 日正式颁布实施了《中华人民共和国计算机信息系统安全保护条例》,在《条例》第二十八条中明确指出:"计算机病毒是指编制或者在计算机程序内插入的破坏计算机功能或者破坏数据,影响计算机使用并且能够自我复制的一组计算机指令或者程序代码。"这一定义具有法律效力和权威性。

计算机病毒的特征

(1)传染性。传染性是计算机病毒的基本特征。病毒程序一旦侵入计算机系统就开始搜索可以传的程序或磁盘介质,通过各种渠道(磁盘、共享目录、邮件等)从已被感染的计算机扩散到其他计算机上,然后通过自我复制迅速传播,其速度之快令人难以预防。因此,是否具有传染性,是判别一个程序是否为计算机病毒的最重要条件。

(2)破坏性。计算机病毒具有破坏文件或数据、扰乱系统正常工作的特征。计算机病毒是一段可执行程序,所以对系统来讲,计算机病毒都存在一个共同的危害,即降低计算机系统的工作效率,占用系统效率,其具体情况取决于入侵系统的病毒程序。同时计算机病毒的破坏性主要取决于计算机病毒设计者的目的,如果病毒设计者的目的在于彻底破坏系统的正常运行的话,那么这种病毒对于计算机系统进行攻击造成的后果是难以设想的,它可以破坏全部数据并使之无法恢复。

(3)触发性。计算机病毒的内部往往有一种触发机制,它的发作一般都需要一个触发条件,可以是日期、时间、特定程序的运行或程序的运行次数等。不满足触发条件时,计算机病毒除了传染外不做任何破坏。触发条件一旦得到满足,有的在屏幕上显示信息、图形或特殊标识,有的则执行破坏系统的操作,例如,格式化磁盘、删除磁盘文件、对数据文件加密、封锁键盘以及使系统锁死等。

(4)隐蔽性。计算机病毒的存在、传染和对数据的破坏过程不易被计算机操作人员发现。如果不用专用检测程序,病毒程序与正常程序是不容易区分开来的,因此病毒可以静静地躲在文件里待上几天,甚至几年。受感染的计算机系统通常仍能正常运行,用户不会感到任何异常。一旦条件满足,得到运行机会,就又要四处繁殖、扩散。大部分病毒代码之所以设计得非常短小,也是为了隐蔽。病毒一般只有几百或一千字节。

(5)寄生性。计算机病毒不是一个通常意义上的完整的计算机程序,通常是依附于其他文件(一般是可执行程序)而存在的,它能享有被寄生的程序所能得到的一切权力。

(6)不可预见性。计算机病毒在发展、演变过程中可以产生变种。有些病毒能产生几十种变种。有变形能力的病毒能在传播过程中隐藏自己,使之不易被反病毒程序发现及清除。因此,计算机病毒相对于防毒软件永远是超前的,理论上讲,没有任何杀毒软件能将所有病毒杀掉。

计算机病毒的分类

世界上病毒的数量仍在不断增加。据国外统计,计算机病毒以每周 10 种的速度递增。另外,据我国公安部统计,国内以每月 4～6 种的速度递增。根据计算机病毒的特点及特性,从不同的角度出发,可以对计算机病毒进行不同的分类。下面是几种常用的分类方法。

(1)按照计算机病毒的破坏情况,计算机病毒可分为:良性计算机病毒、恶性计算机病毒。

(2)按照计算机病毒的传播方式和感染方式,计算机病毒可分为:引导型病毒、分区表病毒、宏病毒、文件型病毒、复合型病毒。

(3)按照计算机病毒的连接方式,计算机病毒可分为:源码型病毒、嵌入型病毒、外壳型病毒、操作系统型病毒。

(4)按照计算机病毒的寄生部位或传染对象,计算机病毒可分为:磁盘引导区传染的计算机病毒、操作系统传染的计算机病毒、可执行程序传染的计算机病毒。

计算机病毒的传播途径

计算机病毒的传播主要有 3 种途径:一种途径是通过不可移动的计算机硬件设备进行传播,这些设备通常有计算机的专用 ASIC 芯片和硬盘等,这种病毒虽然极少,但破坏力极强,目前尚没有较好的检测手段对付;另一种途径是多台机器共享可移动存储设备(如软盘、U 盘、移动硬盘)来传播,一旦其中一台机器被病毒感染,病毒随着可移动存储设备感染到其他的机器,因此可移动存储设备也就成了计算机病毒寄生的"温床";第三种途径是通过计算机网络进行传播,一旦使用的机器与病毒制造者传播病毒的机器联网,就可能被感染病毒,计算机病毒可以附在计算机网络上的电子邮件、正常文件、数据和程序进入一个又一个系统,病毒也会得以传播,这种方式已成为第一传播途径。

4.3.2　计算机病毒的结构

了解病毒的编制技术,才能更好地防治和清除病毒。计算机病毒在结构上有着共同性,一般由病毒引导程序、病毒传染程序、病毒病发程序 3 部分组成。需要指出的是,不是任何病毒都必须包含这 3 个模块。

引导程序

也就是病毒的初始化部分,它随着宿主程序的执行而进入内存,为传染模块做准备。

传染程序

传染模块的作用是将病毒代码复制到目标上去。一般病毒在对目标进行感染前,要首先判断传染条件是否满足,判断病毒是否已经感染过该目标等,例如,CIH 病毒只针对 Windows95/98 操作系统。

病发程序

这是病毒间差异最大的部分,前两部分都是为了这一部分服务的。它会破坏被传染系统或者在被传染系统的设备上表现出特定的现象。大部分病毒都是在一定条件下,才会触发其表现部分的。

4.3.3 计算机病毒的危害及症状

计算机病毒的危害很大,主要表现在以下几个方面。

破坏文件或数据,造成用户数据丢失或毁损

大部分病毒在病发的时候直接破坏计算机的重要信息数据,所利用的手段有格式化磁盘、改写文件分配表和目录区、删除重要文件或者用垃圾数据改写文件、破坏 CMOS 设置等。

抢占系统网络资源,造成网络阻塞或系统瘫痪

除 VIENNA、CASPER 等少数病毒外,其他大多数病毒在动态下都是常驻内存的,这就必然抢占一部分系统资源。病毒所占用的基本内存长度大致与病毒本身长度相当。病毒抢占内存,导致内存减少,一部分软件不能运行。除占用内存外,病毒还抢占中断,干扰系统运行。计算机操作系统的很多功能是通过中断调用技术来实现的。病毒为了传染激发,总是修改一些有关的中断地址,在正常中断过程中加入病毒,从而干扰了系统的正常运行,影响系统运行速度。

影响系统的正常功能

病毒会干扰系统的正常运行,破坏操作系统等软件或计算机主板等硬件,致使计算机不执行命令、打不开文件、时钟倒转、计算机的喇叭莫名其妙地发出响声、重启、死机等。

计算机病毒给用户造成严重的心理压力

据有关计算机销售部门统计,计算机售出后,用户怀疑"计算机有病毒"而提出的咨询约占售后服务的 60% 以上。大多数普通用户在计算机工作"异常"时往往认为是病毒所为。他们对病毒采取的是宁可信其有不可信其无的态度,这对于保护计算机安全是十分必要的,然而往往要付出时间、金钱等方面的代价。

4.3.4 计算机病毒的防治措施

计算机病毒的危害性极大,阻止病毒的侵入比病毒侵入后再去发现和清除重要得多,因此预防计算机病毒是阻止病毒入侵的最好方式。想要预防计算机病毒需要做到以下几点。

(1)安装防病毒软件和防火墙,并启动实时监视功能、定期扫描系统、及时升级,保证所用的是最新版的防病毒软件。

(2)不使用盗版软件或来路不明的软件,拒绝访问不健康网站。

(3)不要轻易让他人访问自己计算机上的信息,在使用他人的外部存储设备前,最好先检查病毒。

(4)将重要的数据和文件提前进行备份。在安装操作系统时,最好生成一张系统启动盘,清除病毒或重新安装操作系统时使用。

(5)对系统盘及文件应写保护,系统盘中不要装入用户程序或数据。

(6)不要轻易打开来历不明的电子邮件,即使要打开电子邮件中的附加的文档文件、附件,都应先扫描病毒。最好及时把来历不明的邮件删除。

(7)警惕发送出去的邮件。对于自己往外传送的附件,也一定要仔细检查,确定安全后,才可发送。

其实,预防的方法还很多,但最重要的还是要有预防病毒的意识,应把预防放在第一位。

计算机病毒防不胜防,而且目前病毒的破坏力越来越强,对于中毒后的计算机应立即采取措施,防止病毒的蔓延并清除病毒。下面介绍一些感染病毒后的处理方法。

(1)感染病毒后要立即使用杀毒软件将病毒清除,设法恢复被感染的文件(若该文件不重要,可永久删除),并进行数据备份,增强病毒防治措施。

(2)对于一般的文件型病毒或良性病毒,使用杀毒软件即可清除。但若是恶性病毒,可用病毒软件诊断病毒的种类和性质,准备记录病毒发作前后的操作和状态,再向有关技术人员请教。

(3)感染危害性较大的病毒后应尽量避免使用带病毒的硬盘启动,这时可以使用无病毒的启动盘启动计算机。

(4)发现病毒的计算机不要连入局域网,以免把病毒传染给网络中的其他计算机,同时通知其他人暂时不要使用有病毒计算机用过的文件或磁盘等。

参考文献

[1]沈被娜,刘祖照,姚晓冬.计算机软件技术基础[M].北京:清华大学出版社,2012.

[2]汪双顶,陈外平,蔡题.计算机网络基础[M].北京:人民邮电出版社,2016.

[3]冉娜等.软件测试技术基础[M].北京:电子工业出版社,2016.

[4]肖庆.计算机网络基础与应用[M].北京:人民邮电出版社,2013.

[5]沈萍萍,张震.计算机网络基础与实践应用[M].北京:清华大学出版社,2012.

[6]王立柱,王春枝.计算机科学及编程导论[M].北京:清华大学出版社,2015.

[7]蔡学镛.编程 ING:人人都能学会程序设计[M].北京:电子工业出版社,2012.

[8]俞勇.ACM 国际大学生程序设计竞赛:算法与实现[M].北京:清华大学出版社,2013.

[9]水清华.DOS 命令行应用实战秘籍[M].北京:中国铁道出版社,2012.

[10]雏志资讯,张发凌.DOS 命令行在 Windows 操作中的典型应用[M].北京:人民邮电出版社,2008.

[11]汤小丹,梁红兵,哲风屏,汤子瀛.计算机操作系统[M].西安电子科技大学出版社,2014.

[12]牛少彰,崔宝江,李剑.信息安全概论[M].北京邮电大学出版社,2015.